逐"绿"前行
点"绿"成金

——"绿水青山就是金山银山"的资溪实践

中共资溪县委
资溪县人民政府
组织编写

中国林业出版社
China Forestry Publishing House

图书在版编目(CIP)数据

逐"绿"前行 点"绿"成金:"绿水青山就是金山银山"的资溪实践 /
中共资溪县委,资溪县人民政府组织编写. -- 北京:中国林业出版社,2023.10
ISBN 978-7-5219-2213-4

Ⅰ.①逐… Ⅱ.①中… ②资… Ⅲ.①生态环境建设—研究—
资溪县 Ⅳ.①X321.256.4

中国国家版本馆CIP数据核字(2023)第093297号

策划编辑:薛瑞琦
责任编辑:薛瑞琦 王思源

出版发行:中国林业出版社
　　　　(100009,北京市西城区刘海胡同 7 号,电话 83143578)
电子邮箱:cfphzbs@163.com
网址:www.forestry.gov.cn/lycb.html
印刷:河北京平诚乾印刷有限公司
版次:2023 年 10 月第 1 版
印次:2023 年 10 月第 1 次
开本:787mm×1092mm 1/16
印张:14.25
字数:220 千字
定价:120.00 元

逐"绿"前行 点"绿"成金
——"绿水青山就是金山银山"的资溪实践

编纂委员会

序

　　资溪县地处江西省东部、赣闽交界的武夷山脉西麓，县域总面积约 1251 平方千米，下辖 2 乡 5 镇和 5 个国有生态公益型林场，人口仅有 13 万人。过去，由于交通不便、山多田少、工业薄弱，资溪人民主要从事木材加工、石材开采、农药化肥等高污染、高耗能产业。近年来，资溪在省委、市委的坚强领导下，在省、市发改、生态环境等部门的精心指导下，乘着全省绿色崛起的大势，紧紧围绕"绿"字下功夫，在"护绿"中凝聚共识、在"增绿"中改善民生、在"管绿"中严密制度、在"用绿"中推动发展、在"活绿"中实现赶超，"绿水青山就是金山银山"的实践越来越生动，主要归纳为以下三点。

　　一是逐绿前行，放大生态优势。党的十八大以来，资溪把"生态立县"作为首位战略，实施"四最工程"（最优森林、最净溪河、最美山城、最真乡村），把山水治理、城乡建设、产业发展、环境保护有机结合，提高 GEP 向 GDP 的转化率。生态环境综合评价指数始终位居全省前列，空气质量连续多年领跑全省。全县 5 个重要江河湖泊水功能区水质的达标率均为 100%，跨界断面水质达标率 100%，7 个乡镇全部为省级生态乡镇（其中国家级 6 个）。舒适的生活空间和绿色的生态空间，让资溪人民倍感幸福和自豪。

　　二是以绿生金，发展生态产业。资溪的山好、水好、风景好，处处是景。资溪坚持发展生态旅游不动摇，相继创建大觉山 5A 级景区、大觉溪 4A 级景区、真相乡村 4A 级景区、御龙湾 4A 级景区、野狼谷 4A 级景区，为"江西风景独好"增添了一抹更加生机盎然的绿。此外，资溪是中国唯一的"面包之乡"，通过把在外创业三十多年的"面包大军"整合起来，打造全国唯一的面包产业城，构建了面包食品全产业链。同时，依托丰厚的竹木资源，建设竹科技产业园，以科技赋能，使"竹"这棵"老树"发出了新枝，让群众共享生态产品价值实现。

三是点绿成金，探索生态创新。资溪在全省率先创建"绿水青山就是金山银山"价值转化服务中心（简称"两山"转化中心），打通"资源—资产—资本—资金"的转换通道，存入"绿水青山"，取出"金山银山"。2021 年 7 月，资溪县牵头制定的《"两山银行"运行管理规范》江西省地方标准正式发布。同时，资溪争取到国家首批生态综合补偿试点，逐步探索"造血式"综合补偿路径。积极落实"双碳"战略部署，依托碳中和实践创新中心，推动零碳园区和零碳景区创建、碳标签产品认证、林业产品碳汇研究等。资溪那一片片看得见的绿必将推广复制成为更多更耀眼的"绿"。

资溪二十年的探索，可以得出以下三点启示：一是必须保持战略定力，深入学习贯彻落实习近平生态文明思想，不犹疑、不折腾、不反复，久久为功；二是必须找准比较优势、挖掘潜在优势、打造后发优势，以生态引领发展、以产业驱动发展；三是必须大胆探索创新，用体制机制的建立健全实现经济发展和生态保护的"双赢"。

二十年的探索，资溪的生态品牌影响力不断扩大，先后被评为"中国天然氧吧"、"全国森林旅游示范县"、首批"国家森林康养示范基地"、首批"国家全域旅游示范区"、首批"国家生态文明建设示范县"、首批"国家生态综合补偿试点县"、国家"两山"实践创新基地，"面包之乡·纯净资溪"成为一张闪亮的金名片。

资溪县委书记 吴石连

前言

习近平总书记视察江西时指示，"绿色生态是江西最大财富、最大优势、最大品牌，一定要保护好，要做好治山理水、显山露水的文章，走出一条经济发展和生态文明水平提高相辅相成、相得益彰的路子。"国家"十四五"规划和2035年远景目标纲要进一步强调，建设人与自然和谐共生的现代化，推动经济社会发展全面绿色转型。生态文明建设是习近平新时代中国特色社会主义的一个重要特征，加强生态文明建设，是贯彻新发展理念、推动经济社会高质量发展的必然要求，也是人民群众追求高品质生活的共识和呼声。

优良的生态环境是资溪最大的发展优势和竞争优势。资溪生态环境优美、自然禀赋优良，生态环境状况指数名列全国前茅，被誉为"华夏翡翠、人类绿舟"。资溪始终把生态文明建设摆在突出位置，深入践行"绿水青山就是金山银山"的发展理念，早在2002年于江西率先提出"生态立县"的发展战略，从"十三五"时期的"生态立县、旅游强县、绿色发展"向"十四五"时期的"生态立县、产业强县、科技引领、绿色发展"总体发展路径迈进，积极响应国家"十四五"时期经济社会发展全面绿色转型的总体方针，加快推动高质量跨越式发展，奋力开创新时代产业兴旺、生态一流、美丽幸福"纯净资溪"的新画卷，力争在我国实现生态环境质量改善由量变到质变的这个关键时期贡献一份"资溪经验"。

　　资溪一直以来把生态保护放在首位，按照"山水林田湖草"生命共同体的理念，牢筑生态安全屏障，主要向森林涵养、园林绿化和野生动物保护三个方向发力，努力建设人与自然和谐共生的现代化美丽资溪。同时，加大生态系统污染防治力度，集中攻克突出的生态环境问题，持续打好蓝天、碧水、净土三大保卫战，强化源头治理。生态涵养和污染防治共同打造了天蓝、地绿、水净的秀美资溪。

　　资溪在保护生态的同时，已构建全域生态补偿机制，包含森林、流域、耕地、矿产资源生态补偿。"造血式"综合生态补偿路径不仅提高了当地生态保护的积极性，更是通过权利明晰的方式促进生态产业集约化经营，推动绿色生态产业高质量发展。在此基础上，为了更好地服务当地生态资源转化，资溪建设了多种生态资源平台，分别从价值核算、资源收储、交易服务、价值实现、生态补偿、生态治理、人才培育等方面为"两山"转化架起"云梯"，特别是资溪"两山"转化中心平台打通了"资源—资产—资本—资金"转化通道，为生态产业发展提供了有效的平台支撑。

　　资溪建立了以产业生态化和生态产业化为主体的生态经济体系，有效打通了生态产品价值转化通道，促进生态与经济良性循环发展。围绕生态与产业融合发展、生态产品价值增值和盘活生态资产三个方面，资溪不断优化产业结构、能源结构，守护好生态和发展两条线，积极对接抚州市国家级"生态产品价值实现机制试点""森林赎买抵押贷款""竹木产业链融资""代偿收储担保"等绿色金融创新，让绿水青山"可融资、能变现"。当前，资溪已形成了一套科学合理的生态产品价值核算评估体系，建立了一套行之有效的生态产品价值实现制度体系，构建了全方位立体式的生态产品价值实现支撑体系，形成了多条具有示范意义的生态产品价值实现路径。

　　为了打通生态共治的长效机制，资溪不断探索生态文明体制机制创新，完善生态文明制度体系。资溪建立了以改善生态环境质量为核心的目标责任体系和以治理体系和治理能力现代化为保障的生态文明制度体系，构建生态保护、经济发展和民生改善的协调联动机制，有效地将制度优势转化为治理效能。围绕生态信用体系、生态环境损害赔偿制度、领导干部自然资源资产离任审计制度和生态环境保护综合执法机制四大制度建设，逐步摸索适合资溪本土的工作机制。

　　近年来，资溪不断拓展"绿水青山"与"金山银山"双向转化的渠道，持续将生态优势转化为发展优势，厘清"经济账""生态账""民生账"这三本账，在生态涵养、污染防治、生态补偿、生态平台建设、生态产品价值实现以及生态体制机制创新等方面取得了明显成效，先后被评为国家可持续发展实验区、国家级生态县、江西省首批生态文明先行示范县、江西省绿色低碳示范县、首批"国家生态文明建设示范县"、首批"国家全域旅游示范区"、首批"国家生态综合补偿试点县"、第五批"国家'两山'实践创新基地"。为了全面系统总结资溪生态文明建设经验，本书设置了生态涵养建起"活"在森林里的县城、污染防治攻坚擦亮"纯净资溪"底色、生态综合补偿做好"绿""利"文章、生态资源平台为"两山"转化架起"云梯"、生态产品价值实现插上经济"腾飞翅膀"和生态文明体制机制创新点亮"绿色灯塔"六篇，共19章内容，以期为全省、全国推动生态文明建设提供"资溪方案"。

本书在编撰过程中，得到了资溪县委、县政府的大力支持以及各部门的全力配合，借鉴吸收了大量新闻媒体报道，在此表示衷心感谢。囿于时间和水平，本书若存在不当之处，恳请不吝指正。

本书编委会

目录

生态兴则文明兴，生态衰则文明衰。多年来，资溪县始终坚持"生态立县"根本，积极践行"两山"理念，围绕高质量发展要求，努力探索生态文明建设实践，逐渐走出了一条生态文明建设与经济社会发展同频共振的新路子。如今，资溪县保存有全世界同纬度最完整的中亚热带常绿阔叶林生态系统，珍稀动植物种类繁多，被誉为"动植物基因库"。境内拥有马头山国家级自然保护区、清凉山国家森林公园、九龙湖国家湿地公园和华南虎繁育及野化训练基地等四张国家级名片。

本篇重点归纳总结了近年来资溪县通过森林资源的保护和对森林资源的有效经营，提升资溪县的森林覆盖率；通过园林绿化，打造最美资溪"江西样板"；通过加强野生动物保护，保护生物多样性，建起野生动物的绿色家园，实现人与自然的和谐共生等方面的经验探索。

第一篇

生态涵养建起"活"在森林里的县城

第一章 森林涵养守护"绿水青山"

生态立县，万山葱茏。资溪县行政区内林地面积约占县域面积90%。近年来，资溪县不断加大森林资源保护力度，通过多举措加强森林资源管理，结合省市对资溪生态环境保护定位，在森林质量精准提升项目设计中进行战略方向调整和布局，转变经营观念，科学精准提质，持续发挥森林经营科研基地示范效应，筑牢资溪"绿色屏障"。

第一节 森林资源保护构建"天然防护网"

一、天然林保护让天然林回归"天然"

天然林资源是功能最完善，结构最复杂，产量最大的生物库、基因库、碳储存库和绿色水库，是维护陆地生态平衡，促进生态良性循环的重要调节器，是保障社会可持续发展的重要基础，是生物多样性保护的前提。对维护国家生态安全，促进生态文明建设和经济社会可持续发展具有不可替代的作用。实施天然林保护，对于资溪县贯彻"生态立县·产业强县·科技引领·绿色发展"战略具有十分重要的意义。

（一）全面停止天然林商业性采伐

资溪县通过执行《国务院关于全国"十三五"期间年森林采伐限额的批复》《国家林业局关于切实加强"十三五"期间年森林采伐限额管理的通知》《江西省人民政府批转省林业厅关于加强全省"十三五"期间年森林采伐限额管理意见的通知》等相关规定，全面落实天然林停伐，严禁天然林商业性采伐；严禁对天然林实施皆伐改造；严禁移植胸径20厘米以上天然大树进城。

（二）全面提升天然林保护能力

按照生态公益林的管护模式，资溪县执行各项管护措施，加强天然林保护管理。加强林业工作站队伍和基础设施建设，提高其监管、执法和服务能力。结合封山育林和"林长制"工作健全和落实林区护林员制度，完善考核机制，将天然林保护、封山育林、"林长制"及保护发展森林资源目标责任制工作统一纳入年度工作目标考核内容。

（三）建立天然林管护机制

国有、集体和个人所有的天然林管护实行合同制和责任制相结合的管护机制。合同制由乡镇政府（林业工作站）参照公益林管理，与林权所有者签订停伐（限伐）管护协议，林权所有者承担相应的管护责任。而责任制则实行林权单位委托县（乡镇）（村）统一管护，由林业部门结合各地公益林管护、封山育林及"林长制"工作情况，统一聘请护林员并签订管护合同。林木所有者与护林人员共同承担天然林保护的管护责任，建立统一管理机制。

（四）全面加强天然林管护措施

由资溪县政府成立天然林保护工作领导小组，同时各乡（镇）政府、村委会、各生态公益型林场也成立相应的天然林保护工作管理机构，具体负责天然林保护工作，同时，向社会发布天然林保护相关信息。乡村结合封山育林管理措施制定以护林村规民约为主的切实可行的天然林管护措施，以封山育林护林员为基础，组建管护队伍，选聘护林人员，制定护林人员管理制度。建立县、乡、村、组、户、护林员六级护林管理网络，设立举报电话，畅通举报渠道，充分利用信息网络平台，高效、快速防范和打击破坏天然林资源的违法犯罪行为。

二、封山育林让生态"绿装"永存

实施封山育林是全面推进资溪县生态文明先行示范区建设、强化森林资源培育的重要途径，是实现"十四五"期间资溪县森林覆盖率和蓄积量双增长的重要举措，是提升森林资源总量、林分质量及资源利用效率的有效手段，是建设生态资溪、幸福资溪的现实需要，也是提高林地生态效益、社会效益和经济效益的有效途径。

（一）因地制宜，分类封山育林

资溪县对生态公益林、天然林、风景名胜区、自然保护区、森林公园、水源涵养区、生态红线等区域依法依规实施全面封禁；对高速、国省道、河流岸线区域内的人工商品林，实施半封，允许采取小片皆伐，砍一造一；对其他区域的人工商品林，采取有序放开，对成、过熟林优先开放的措施；对中龄林优先安排抚育间伐，按照"砍劣留优、砍小留大、砍密留疏"的原则，培育大径材，提高林地产出率。资溪县林业局严格执行森林年度采伐限额制度和国家相关规定，适当降低县城内非国有（含国乡联营）定向培育人工用材林的主伐年龄；对集体人工商品林皆伐山场，由当地乡

（镇）人民政府加强伐区监管，确保采伐一片更新一片，防止一伐了之、只伐不育、不种。对林业企业、造林大户在县城建立木材成品精深加工的，可优先安排采伐限额。加强对木竹加工企业原材料进出库台账的监督检查，对无证采伐木材追本溯源，封堵盗、滥伐林木行为，坚决关闭或取缔无证经营加工点或场所。

（二）封育结合，提升森林质量

资溪县开展国土绿化行动，组织、动员社会各界力量，加快造林绿化步伐。创新造林模式，打造绿化精品工程，实施重点区域森林"四化"（绿化、美化、彩化、珍贵化）建设，重点抓好"三线一区一村"（即高速沿线、国省道沿线、河流岸线，景区，新农村建设村）、森林"四化"建设，实现通道、景区、乡村美起来、绿起来、秀起来。利用现有的资金和项目，对天然林保护范围内的疏林地实施封山育林，促进植被恢复；对低质低效天然林和中幼龄天然林，采取人工干预和自然修复相结合的抚育复壮、补植补造等技术措施，不断提升天然林的质量和功能。持续抓好低产低效林改造、生态体系修复、森林抚育，提升森林质量，确保森林蓄积量、森林面积和林业效益"三增长"。以城区为重点，开辟多个市民义务植树专区，可供市民选择，进行义务植树活动，让每位市民都成为生态建设的参与者。

（三）全面落实"林长制"，强化源头管理

按照"四级林长抓监管、两支队伍齐上阵、七项机制促运行、两大行动抓落实"的总体思路，构建县乡村组四级林长联动责任机制；采取县、乡（镇、场）总林长责任清单、护林员履职清单及林长制智慧平台的"两清单一平台"的措施，运用现代科技手段，建成集林业卫片执法、护林员动态巡查、无人机实时监测三位一体的全天候、全覆盖森林资源监测体系和"一长两员"管理网格化体系，提升森林管护科学性、时效性。

（四）强化森林督查，打击破坏森林资源行为

一是加强林业执法队伍建设。资溪县森林公安局、林业执法大队严厉打击破坏森林资源犯罪行为，履行好保护森林资源职责；资溪县林业局提升林业执法水平，并指导乡（镇、场）对涉林行政案件的查处；各乡（镇、场）积极承接好林业执法权力下放，加强对机构和人员的管理，主动开展林业执法。二是加大森林督查案件查处力度。对国家下发的森林督查变化图斑，县林业局逐一核实，发现一起查处一起；对重点森林督查案件，由各级林长亲自协调，确保查处到位。三是保持林业执法高压态势。开展打击乱砍滥伐林木、打击乱侵滥占林地、打击乱采滥挖野生植物、打击乱捕滥猎野生动物为主要内容的"四打"常态化行动,对于涉嫌触犯刑律构成犯罪的,一律依法追究刑事责任,以震慑破坏森林资源违法犯罪行为。

三、源头管理构筑"森林防火墙"

一是严控野外火源,减少火灾发生率。成立了资溪县野外火源专项治理行动领导小组,开展野外火源专项整治行动和森林火灾风险隐患排查整治"十查十看"活动,对排查发现的问题及时进行整改。二是制定完善的森林防火管理制度并落到实处。对人们的生产和生活行为进行规范管理,严格控制不明火源,杜绝秸秆焚烧,同时对清明节的上坟行为进行正确引导,对火种进行控制。尤其是开展了抚河流域东部森林火灾高风险区综合治理,建设生物防火林带,打造出全国生物防火隔离带的样板。

四、"三全之策"抓实抓细森林病虫害防治

一是建立监测预报机制。在病虫害防治工作中注重监测工作的开展,借助国家中心测报点平台,完善监测设施,利用高智能测报站和智能测报灯,结合无人机、人工调查监测,使资溪县的主要森林病虫害的监测全覆盖。完善上报机制,按病虫害发生规律监测上报,对松材线虫病实行零报告制。

二是提升森林病虫害防治水平。科学分区,划分为重点预防区、预防区、防治区。根据病虫害种类分类施策。同时注重生物多样性保护,在防治中尽量使用物理防治和生物防治,保护天敌,维护生态平衡,减少病虫害防治对环境造成的污染,保护自然环境。

三是加强技术培训。林业管理部门积极培训测报员,鼓励和引导测报员学习病虫害知识及其防治新技术,保证测报员可以掌握监测对象及其他病虫害的发生症状、发生特点及不同虫态(发病时段)的特征,确保测报员可以根据自身的专业知识在监测中及时发现病虫害,并提出防治措施,降低病虫害造成的损失。

五、森林资源监管拧紧生态"安全阀"

一是严格规范采伐管理。严格执行林地定额管理制度,实行限额采伐,规范采伐设计审批程序。严格材料审核关,按照用户提出书面申请,经镇林业工作站初审及镇政府同意后上报至林业局。林业局执法人员对采伐地点、面积、四至边界、采伐数量等进行现场勘查,对符合采伐许可条件的,直接可办理采伐许可证。同时,严厉打击

乱砍滥伐等毁林违法犯罪行为，保护资溪森林资源，推进资溪生态林业建设步伐。

二是对资溪县的自然保护地进行优化整合。按照保护面积不减少、保护强度不降低、保护性质不改变的总体要求开展整合优化工作。聘请第三方根据国家法律法规、政策规定和有关要求，结合资源价值评估和保护空缺区分析，对资溪县进行自然保护地结构优化。

三是推进法治林业建设。编制资溪县林业局权责清单并实行动态管理，开展行政规范性文件清理、"综合查一次"联合行政执法检查及"一案一码"扫码评价，建立林业行政执法与刑事司法衔接机制，落实行政执法"三项制度"，出台并遵守"企业安静日"制度、林业包容免罚清单制度，推行审慎监管，推进电子证照申领和运用，推广运用网上中介服务超市和行政执法"两平台"，落实普法责任制开展系列普法活动，严格执行乡镇赋权清单并对乡镇办理涉林行政案件人员进行集中培训。

案例1　县城的天然"绿肺"：清凉山国家森林公园

图1-1　清凉山国家森林公园

清凉山国家森林公园位于资溪县境内，地处龙虎山和武夷山之间，规划总面积3397.82公顷。与县境内大觉山国家5A级旅游景区、马头山国家级自然保护区称为真相乡村体验之旅、峡谷漂流激情之旅和原始森林生态之旅的三条旅游精品线路。

生态环境优美 森林资源丰富

公园森林覆盖率达 97%，空气中负氧离子含量最高达 36 万个 / 立方米，属武夷山脉中段支脉，以雄、奇、秀、美的武夷山脉为骨架，以变化多样的森林与溪流景观为主体，再加之乡风民俗等人文景观的点缀，形成了动静景观融合、自然景观和人文景观浑然一体的独特风貌，是我国武夷山区罕见的、特色突出的山、水、林、人文景观元素组合区。公园属亚热带湿润季风气候，气候温和，雨量充沛，这里夏无酷暑的踪影，冬无萧条的足迹，各种植物尽展姿态，装扮着这里的山山水水，更不失为人们理想的避暑游览胜地。

清凉山国家森林公园境内山高谷深，峰峻崖险，飞瀑流泉，古木参天，珍禽异兽出没，奇花异木遍布。据初步考察森林公园内区内有木本植物 828 种，占抚州全市植物总数的 81.34%，茫茫中栖息着野生脊椎动物 300 多种，是赣东地区十分重要的物种基因库，也是江西省生物多样性的分布中心之一；有国家重点保护植物 20 种。有金雕、云豹、豹、大鲵、红腹锦鸡等 33 种国家重点保护动物，占全市国家重点保护动物总种类的 62.26%，是江西省珍稀植物最集中、最丰富的地区之一。另据调查森林公园内有大小瀑布近 30 个，且形成 3 个大型瀑布群，它们与溪流、水潭、湖面一起构成了森林公园丰富多彩的水文景观，其分布密度和单体多样性居于全省森林旅游区前列。

保护优先 适度开发

资溪县本着"保护优先，适度开发"的原则，对清凉山国家森林公园进行管理。先后出台多项政策措施保护当地生态。一是重视环保工作。在森林公园的经营管理过程中，认真选择和规划旅游线路及区域，制定有效措施，保障环境保护工作的落实，尽量把参观、游览、游乐等项目对环境造成的不利影响降低到最低。二是定期对环境质量进行监测。定期邀请环境监测部门采用先进技术对森林公园内的森林环境、水质、土壤、植物、大气情况进行监测，通过监测结果及时调整环保实施计划及措施，使环保工作科学化、规范化、及时化。三是加强对森林公园内植物的保护。严格管理野外用火，建立健全用火制度，完善森林公园内防火宣传设施，加强园内居民及游客的防火意识。同时，坚持"预防为主，综合治理"的方针，做好森林公园内林业有害生物防治工作，严格检疫和加强森林病虫鼠害的防治，在防治过程中尽可能采用生物防治，以减少化学药品对环境产生的药害污染。

案例2　"防火防虫"筑牢林区生态安全"隔离带"

2019年，资溪县通过提高森林火灾防控能力、实行松材线虫病防控政府负责制，切实维护林区林业生态安全。

全面提高城乡森林火灾防控能力。2023年春季重点防火期，资溪县防火办组织人员在各乡（镇、场）、村、组开展宣传，利用广播、宣传车、宣传单等多种形式，截至2023年8月，发送短信10万条、张贴了宣传标语8千条、散发宣传单7千份，并在乡镇开展了二轮森林防火预防知识培训；成立县野外火源专项治理行动领导小组，开展野外火源专项整治行动和森林火灾风险隐患排查整治行动，对排查发现的问题及时进行整改；加强基础设施建设，提高森林火灾防控能力，建设2022年抚州市武夷山生物防火隔离带建设项目资溪建设部分生物防火林带254公顷。

松材线虫病防控实行政府负责制。资溪县全面完成国家中心测报点的监测任务，历年林业有害生物调查监测覆盖率100%、无公害防治率100%、木材及其制品的调运检疫率100%、种苗产地检疫率100%。开展松材线虫病秋季普查，全县山场、交通沿线、人为活动较频繁的区域普查率100%。落实松材线虫病防控责任，充分发挥测报员与护林员的作用，及时发现，及时除治。开展松材线虫病检疫执法专项整治行动，出动宣传车20车次，向林农发放宣传单3000余张，在执法过程中查处了一起非法调运松木半成品案件与一起跨省过境松木调运案件，并及时查处，有力地扩大了检疫执法的社会影响，同时积极推进检疫执法行为的常态化、制度化，以案释法，震慑一方。

第二节　森林经营促进"可持续发展"

一、"7531"规划指引森林经营"全面铺开"

森林资源经营是林业可持续发展的核心。开展森林资源经营工作是进行森林采伐管理改革，实现森林资源可持续发展的一项重要举措。通过加强森林经营，实施造林绿化和森林质量工程等措施，大力培育和保护森林资源，增加森林资源存量，提高森林资源质量，继续深化林权制度改革，完善管理、经营体制，构筑起完备的森林生态安全保障体系、发达的林业产业体系、和谐的森林文化体系，实现森林可持续经营，推进资溪县经济社会可持续发展。

（一）制订森林经营实施方案

建立科学的生态守护体系和产业发展规划，实施"7531"规划布局（严格保护70万亩*生态防护林；放活经营50万亩毛竹林；高标准科学营造30万亩速生丰产林；着力建设10万亩的高效经济林），将全县林地分区分类经营，确保全县森林覆盖率稳定在87.7%以上，森林蓄积量提高到每亩6.5立方米以上。在2016年编制了国有森林经营单位森林经营方案。资溪县已形成保护优先、经营有序、管理协调管理体系，既符合林业科学经营，又符合资溪林业实际的森林资源可持续经营理念。

（二）强化森林资源可持续经营管理

对70万亩生态防护林采取严格保护措施，实行全面封山育林，禁止一切人为活动，确保生态之核心不受破坏。进一步加强商品林建设与管理力度，加大毛竹林提升改造，对商品毛竹林注重经济效益和生态效益，科学规划管理毛竹用材林、笋用林、笋竹两用林，推广新技术，提高毛竹综合效益。合理营造速生丰产林和高效经济林，对公路两边可视范围的林木要控制采伐面积，留好隔离带，更新时营造针阔混交林。对全县通道、集镇（村庄）、景区、国道沿线及周边可视范围的山林统一规划，逐年推进，积极营造阔叶林或针阔混交的景观林或防火带。加强林业税费改革管理，按照林改要求减轻税费，提高广大林农培育资源积极性，加大县乡木竹税费体制改革力

---

* 1 亩 =1/15 公顷（hm²），下同。

度，扶优扶强，做大做强全县木竹加工产业。

（三）建立一批有典型带动作用的示范基地

一是建立阔叶林景点示范基地。资溪县对高阜林场庙嘴坳、十里源路边山场，采用目标树大径材单株择伐作业法，实施近自然经营，技术措施为"标识目标树、采伐干扰树、调整疏密度、补植加管护"，林间空地补植珍贵树种，更新层幼树培土，加强封山管护，促进形成异龄复层的天然阔叶混交风景林区。二是建立森林生态功能林示范基地。资溪县对高阜镇樟溪、港口路两边低产低效山场，以改造为主，调整树种结构，改良立地条件，增强防灾控灾和水土保持、涵养水源等功能，提高林分质量。技术措施：按照"砍劣留优，砍弱留强，砍萌留实"的原则对山场实施森林抚育间伐，林间空地补植珍贵楠木、木荷等树种，更新层幼树培土。三是建立杉木速生丰产林示范基地。资溪县对嵩市镇陈斜岭山场，采取抚育间伐措施，按照"砍小留大，砍劣留优，砍密留稀"的原则，对杉木幼林进行抚育，促使林分快速生长。四是建立杉木与松木等混交速生丰产林示范基地。资溪县对高阜镇石陂、嵩市镇高陂路两边的山场，采取群团状择伐作业法，把目标树杉、松木培育成大径材，并为下层更新幼树生长形成庇护。同时利用群团状形成的林窗，继续补植闽楠等珍贵树种幼苗，促使形成人工针阔混交林。五是建立针阔叶速生丰产林基地。资溪县对高田乡里木成熟林山场，皆伐后营造针阔混交林，混交阔叶树种为乡土珍贵树种，且混交比例不低于30%。六是建立毛竹林丰产优质高效示范基地。资溪县对境内316国道沿线涉及的毛竹山场，选择交通便利、竹龄结构合理的重点山场，允许砍掉林中霸王树，但每亩必须保留20～30株落叶或珍贵阔叶树，每年进行山场砍杂、垦复。除外，对不宜改造及抚育的山场，坚持宜封则封、封出成效、封出景观。

二、"资金＋管理＋模式"培育新型林业经营主体

一是加快政策出台和资金流入。为支持新型林业经营主体发展，资溪县出台了《资溪县林权抵押贷款实施办法》，鼓励林权经营主体利用林地经营权、林木所有权进行抵押贷款，帮助林业经营主体解决融资难问题。同时，出台《资溪县商品林政策性保险实施方案》，全县林地由县政府出资、县林业局统一投保，保费除国家、省级补贴外，其余全部由县财政补贴。

二是加快配套服务管理。以推进林下经济、支持中药材种植、加快毛竹产业发

展为重点，资溪县委、县政府采取做好产业规划、建立发展基金、对接知名院校等措施，助推新型林业产业的发展。为让涉林企业更好更快地扎根资溪，让林业经营者在资溪安心经营，县委、县政府通过改进工作作风，不断优化发展环境，大力推进"一次不跑"或"最多跑一次"的行政审批改革。同时，实施林业技术培训及推广，探索建立林业科技特派员服务新模式，着力解决林业产业发展的关键技术难题；加强市场营销组织服务，通过政府引导建立相关行业协会和社会中介服务机构，使新型林业经营主体生产的产品卖得出、有效益；加强林业示范基地的基础设施建设帮扶，并对产品质量进行指导服务。

三是积极培育林业龙头企业。大力推广"龙头企业＋合作社＋基地＋农户"产业化发展模式，形成新型林业经营主体一体化、产供销一条龙的产业化经营体系，建设规模较大的林业经营示范基地，以点带面辐射带动周边发展。充分利用森林资源优势，抓好林下经济发展，实现"不砍树、能致富"。

案例1　森林管理的"模范生"：马头山国家级自然保护区

图 1-2　马头山国家级自然保护区

马头山国家级自然保护区建于 1994 年，2001 年经江西省人民政府批准晋升为省级自然保护区，2008 年经国务院批准晋升为国家级自然保护区。保护区总面积 13866.53 公顷，其中核心区 4286.08 公顷、占保护区总面积的 30.9%，缓冲区 3438.72 公顷、占 24.8%，实验区 6141.73 公顷、占 44.3%。近年来，马头山国家级自然保护区在森林资源管理方面下足功夫，多次获得国家和省市的肯定。2020 年 3 月保护区二期项目获国家林业和草原局批复，12 月获得省级生态文明示范基地称号，同时荣获 2020 年度林业信息宣传省林业局直属单位第二名。

地理环境优越

保护区位于江西省资溪县的东北部。地处武夷山脉中段、闽赣交界的武夷山脉西麓。保存有原生性较强的常绿阔叶林。保护区地貌具有盆岭相间、棋盘格状展布之格局，最高海拔 1308 米，气候条件宜人，全年平均气温 16～18℃，相对湿度 83%，年均降水量 1929 毫米。

森林资源丰富

保护区的森林植被以天然常绿阔叶林为主，森林覆盖率达 97.43%，生态环境优良，生物多样性丰富。截至 2022 年，已查明有高等植物有 2934 种，其中属国家重点保护植物有 46 种（国家一级 1 种，国家二级 45 种）。保护区以美毛含笑、南方红豆杉、长叶榧、蛛网萼、伯乐树等珍稀植物及其原生种群为主要保护对象，是江西至今唯一以野生珍稀植物为主要保护对象的国家级自然保护区。特别是长叶榧和蛛网萼，是江西的集中分布区。不仅如此，野生动物种类也很丰富，有陆生脊椎动物 445 种（两栖类 30 种、爬行类 53 种、鸟类 298 种、兽类 64 种），其中国家重点保护野生动物有 81 种（国家一级 14 种、国家二级 67 种）；鱼类 35 种；昆虫 1000 多种。主要有白颈长尾雉、黄腹角雉、金雕、白鹇、中华鬣羚、猕猴、拉步甲、阳彩臂金龟等，绝大部分都不同程度地取食农林昆虫，因此，均具有重要的保护价值。

森林资源管理体系完善

一是高位推动。2013 年 7 月省林业厅成立江西马头山国家级自然保护区建设项目领导小组，领导小组办公室设在资溪县林业局，负责日常具体工作的协调管理。2017年通过了《江西马头山保护区联合保护委员会章程》，联保委成员单位代表审议并签订了《江西马头山国家级自然保护区联合保护委员会联合保护公约》。公约提出，坚持生态优先，着力提高联保责任意识；坚持巩固提升，着力健全联保工作机制；坚持依法治林，着力强化森林资源保护；坚持规范管护，着力加强自然环境管理；坚持和谐共进，着力引导社区绿色发展。

二是平台互助。马头山保护区联保委多次走访各成员单位，加强横向联系，收集联合保护工作意见和建议，在夏季专项行动期间和重点防火期，马头山镇、马头山林场派出护林员与管理站护林员共同巡护、宣传，进行春节市场清查联合行动、爱鸟周联合宣传活动、夏季专项整治行动、"森林防火宣传月"活动、野生动物保护专项整治行动，确保马头山保护区及周边资源安全。

三是宣传互动。不断加大对新修订《野生动物保护法》《自然保护区条例》等法律法规的宣传力度，做到区内及周边人员家喻户晓。多年来，共联合有关联保委成员单位赴资溪县泰伯小学、马头山镇、嵩市镇，贵溪市阳际峰、双圳林场、冷水林场，福建省光泽县寨里镇、官桥林场、大青林场等地开展相关法律法规宣传活动达20余场次，发放宣传资料6000余份。

四是防火互动。以4个基层保护管理站、2个村小学及所辖的5个村小组为重点，充分利用张贴宣传标语、播放森林防火录音词、制作警示牌、散发宣传材料、进校门上防火课、摆放展板等形式，广泛深入地开展宣传教育活动，大力营造森林防火氛围。针对秋季久旱无雨，区内许多松树、毛竹因干旱而枯死，东源保护管理站联合马头山森林派出所和镇（场）村组在东源保护管理站路口设立了临时宣传检查点，在高火险等级期间有效遏制了森林火灾的发生。

五是整治互动。不断建立和完善了联合保护工作体制和运行机制，构建起比较完整的联合保护工作体系，开展了一系列有效的联合专项整治行动，全面清查资溪县城内的餐馆、酒店、集贸市场非法收购、经营野生动物等行为，截至2023年8月，共组织大小集中整治128次，联合巡查816次，出动执法人员2880余人次，联合执法39次。打击非法捕捞案件29起，劝离违规垂钓15人次。开展天然水域增殖放流 100 万余尾鱼苗。整治效果明显。

六是防控互动。加强辖区内森林病虫害监测和防治工作，重点监测与预防松材线虫病疫情、非洲猪瘟入侵情况。积极配合资溪县政府开展除治工作，组织专业人员开展松材线虫病疑似疫木清除工作，工作组在对 5 株疑似松材线虫疫木进行 GPS 定位和编号后，开辟安全空间，就地锯断、浸泡、高温处理、焚烧和深埋，依照程序严格处理，预防松材线虫病蔓延扩散，确保区内森林资源安全。

案例2　森林经营的"样板间"：株溪林场

图 1-3　资溪县株溪林场

株溪林场，隶属于江西省抚州市资溪县。位于资溪县正南面，距县城 30 千米，地处资溪、南城、黎川三县接壤的三角地带。省级入闽通道资茶线穿境而过。林场山清水秀，资源丰富。

株溪林场前身为 1957 年成立的株溪农林综合垦殖场，1963 年易名株溪林场，1969年纳入福州军区江西省生产建设兵团，1971年兵团撤销，1973年更名株溪林场。2014年参加国有林场改革更名为资溪县株溪生态公益型林场，单位由正科级企业单位改成正科级事业单位。全场土地面积约6.3万亩，其中山林面积55095.86亩（国有36286.86亩，集体18809亩），耕田1132.82亩。全场人口总数1283人（两村农业人口1048人），林场内设四股一室，4个工区，下辖2个行政村。

建立森林生态功能样板基地

为科学经营和合理利用森林资源，林场筹措项目资金400余万元，在全场范围内进行林相改造1000余亩、森林抚育6000余亩、样板林建设500余亩和国储林建设1000余亩，修建森林游步道3000余米，大力提升森林质量。2020年林场结合森林旅游，在一、二、三工区建设人工促进天然更新经营示范样板林、人工杉木大径材经营示范样板林、天然针阔混交林近自然经营示范样板林基地381亩，将林木分为目标树、辅助树、干扰树和其他树四类，开展二次到三次生长伐，逐步调整林分密度到每亩35～50株，每采伐后在林间补种闽楠、红豆杉等珍贵树种，从而加速林分生长，其森林生态功能助推了森林旅游业发展。

多举措保护培育珍贵树种

建立科考科普基地和配套管理机构，促进珍贵树种繁育和生长。实行森林分类经营，按区域珍贵树种划分，建立"江南油杉、马褂木、古树群、红豆杉"等珍贵植物县级保护小区。实施生态公益林保护工程，落实动态监管机制，投入生态补偿资金，加强辖区内珍贵树种保护。落实责任目标，实行"身份证"管理，加强古树名木保护。结合秀美村庄建设，投入项目资金，树生态文明新风，巩固珍贵树种保护和发展成果。支持新月苗木村建设，送科技下乡，提供各类种源和指导苗木一体化基地建设，重点打造银杏、柳杉、长叶榉等乡土针叶树种和樟树、楠木、美毛含笑等珍贵乡土阔叶树种基地。

第二章　园林绿化编织山城生态"绿毯"

近年来，资溪县持续开展造林增绿活动，大力实施街道社区绿化、乡村绿化、荒山防护林绿化、机关企业绿化"四大工程"，对县城主干道路、广场、公园和居民小区等实施了绿化升级改造，开墙透绿、见缝插绿、破硬植绿，打造城市"绿毯"。资溪县把公园绿地作为绿量增长的主抓手，以植物造景为主，注重多样性，做到乔灌草结合、雕塑小品点缀，为居民营造生态、绿色的人居环境。在实施城区综合治理过程中，"一河两岸"拆迁后的空地大部分用于绿化，以植物造景为主，乔灌草立体配置，打造高品位的城市滨江绿化景观带。

第一节　森林湿地公园打造"最美山城"名片

森林植被是森林湿地公园的主体，在森林湿地公园中占据很重要的地位。一个森林湿地公园的质量如何，关键在于森林植被及其环境的质量。维护和提升森林湿地公园的森林植被，不仅使森林面积增加，有利于保护自然生态多样性，而且还提高了森林美学观赏价值，使森林环境更加优美宜人，为森林湿地公园开展旅游提供良好的户外游憩场所。

一、"高标准"打造森林湿地公园

一是生态优先，改造提升景观，稳步推进绿化建设。资溪县在建设森林公园的过程中，依托现有地形、地貌，根据建设地的实际情况做好自然生态区、游览观赏区、休闲娱乐区等前期区域功能的划分。

二是就地取材，选择搭配植物，丰富植被景观效果。资溪县在建设森林公园时避免一味引进外来树种的情况，加强对绿化规划设计方案的审核工作，遵循"乡土为主、引用为辅、新优稀特为点缀"的理念，为资溪生态林业建设开创新的局面。同时，改变传统造林方式，坚持因地制宜，分区域开展森林景观建设工作。在对现有植物群落的生长状况和景观特征充分调查研究的基础上，结合林带自然演替和人工促成栽种的方式，坚

持以地定林，宜乔则乔，宜灌则灌，宜草则草，分阶段、分批次进行施工改造。

二、"精细化"管理森林湿地公园

一是完善森林公园绿化林业改造中的管护责任制度。完善和灵活森林公园绿化改造工作的管理机制，改善工作人员在管理的过程中表现的状态，使工作人员在工作上更专业、更上心。对森林公园绿化造林项目进行责任分工制度，并与个人的自身利益和职责履行情况相联系，避免工作管理不到位的情况，更加迅速完善森林公园的绿化林业改造。

二是发展和完善内部的责任考核管理机制。资溪县制定相关的森林公园绿化造林后的管护责任制度，完善和发展公园改造项目的内部监督考核管理机制，进一步对森林公园内部进行严格的安全隐患审查工作。首先做到把保护游客生命财产安全和施工人员的安全施工作业作为工程项目的首要目标，同时加派人手对森林公园景区加大消防排查监管频次和执行力度；其次与森林公园内部的其他监管力量友好合作，共同维护森林公园内部的安全问题，把一切可能发生的安全隐患排除在外；最后绿化人员对森林公园内由于造林施工作业造成的地面表皮裸露进行一定的补植和恢复绿植，及时提出森林公园内不符合要求的地方，并要求相关责任人立刻解决问题。

案例1 藏在绿色中的美：九龙湖湿地公园

图 2-1 九龙湖湿地公园

九龙湖湿地公园位于资溪县城郊区 8 千米处，发源于福建省光泽县境内的凤形山北麓，属信江水系，九龙湖库区延绵 13 千米。从空中俯视，九座山岭宛如九条蛟龙盘卧山峦丛林之间，故而得名。九龙湖之水因得群山之势而彰显妩媚，水随山绕，迂回曲折。山得水而活脱，翠绿山林依偎灵动之水，愈发生机勃勃。从水中看山，一丘一壑，一树一石，在微波下变形，草木之色将湖水晕染，山水交相辉映，不负"九曲练溪，十里画廊"之名。

生态优先 优化空间开发格局

九龙湖湿地公园坚持"生态优先"的原则，践行绿色循环低碳理念，保护生态环境，实现生态文明发展，让优美的生态环境成为九龙湖湿地公园最大的特色和响亮的名片。九龙湖湿地公园建设以恢复和重建生态功能为核心，尽可能保留公园原有的自然风貌，尽量减少人工痕迹和游客对自然生态系统的破坏。此外，公园设计之初，充分考虑了周围环境，包括水域、绿化及居民环境，力求优化空间开发格局。

纯净优美 打造多功能湿地公园

近年来，资溪县对"九龙湖"绝美自然景观进行保护、修复、整合与利用，通过湿地公园的平台展现"纯净优美"魅力，使之成为自然宣教基地。以"纯"促保，资溪县保护湿地公园内自然纯美的生态环境，促进生物多样性，丰富湿地公园生态功能。以"净"促维，全力维护九龙湖区域洁净完整的水质水系，保障饮用水源地安全，保证其区域洁净完整的水质水系。以"优"促优，不断优化周边资源利用的联系网络，与其他资源形成优势互补、联动效应，带动经济总体发展。以"美"促升，多途径展示"纯净山水树，醉美九龙湖"的独特魅力，建设成为集湿地保护保育、修复恢复、科普宣教、科研监测、生态旅游等多功能于一体的国家级湿地公园。

环境制度 保护水域环境

在污染物、垃圾排放问题上，禁止任何人随地丢弃垃圾及将垃圾丢在湿地公园水域内，建立严格的环境奖惩制度。一方面，有湿地公园管理单位建立污水处理设施对生活污水进行收集，并加强执法；另一方面，湿地公园也编制整治方案，实施河道清淤工程，同时建设临时截污工程和污水管网改造工程，将湿地公园污水引入污水处理站处理净化。杜绝一切环境违法行为，决不允许发生"少数人发财、人民群众受害、全社会买单"的情况。

案例2　园林绿化的共享地：泰伯省级森林公园

图 2-2　泰伯森林公园

　　资溪县泰伯省级森林公园于 2010 年 7 月成立，地处县城北面，东邻火车站，南至泸溪河畔，西靠 316 国道，北接城北大道，以一山一湖为主景，面积 2000 多亩。

　　公园建设以资溪县北宋著名思想家李觏（字泰伯）为主题，以"生态性、森林性"为前提，把握"原生态、挖文化、重特色，花小钱、办大事"的建设思路，以改善城市生态环境，提升城市形象和品位，优化城市功能布局，促进旅游产业发展为目标，建成集生态教育、观光娱乐、旅游休闲为一体的主题性城市森林公园。园内植被丰富，树木种类繁多，公园内拥有丰富的湿地资源和大量的水生植物，品种繁多，种类齐全。林内栖息各种飞禽走兽，品种有兔、鹿、蛇、画眉、喜鹊、鹰等，伴生多种菌类。

森林公园通过种植各种名贵植物和花草等，提高森林公园生物多样性和森林覆盖率。在树苗的选用上，泰伯森林公园根据林业的造林规律，选择对环境适应性快的小苗。通过土壤实验和水位设置等手法，尽可能地模拟自然环境，构建本地系统的多样性。目前，森林公园内的爬藤类植物、不同花草、带刺植物等种类均达数十种以上。泰伯森林公园真正成为资溪人民亲近自然、了解自然、享受自然的重要场所。

第二节 城区绿化提升山城"颜值"

一、"多方合围"为道路"化新妆"

一是加强道路绿化树种的规划，充分考虑近期与远期景观效果的结合。在道路绿化时，采取近期与远期结合，速生树种与慢性树种结合的策略。在城区街道栽植雪松、桂花等绿化苗木。道路绿化突出构建生态林荫系统和地域特色，注重提高道路绿化的艺术品位。同时在生态建设中，资溪县将道路绿化作为区域生态环境提升的点睛之笔，注重生态、文化、景观三者互动效应，高标准规划，高品位建设，形成了林荫型、景观型、立体型的道路绿化网络，营造出"畅、安、舒、美"的行车环境。

二是改善现有道路绿化的立地条件，提高土壤肥力。道路铺装应采用透气、渗水材质的铺装材料如渗水砖、嵌草砖，增大树池面积，从而改善土壤的通透性，满足植物根系生长的营养面积。

三是加强道路绿化树种的选择，推进绿化方式多样性。根据资溪县区道路绿化树种的立地条件和环境因子，通过对不同树种的各种生物学特性及抗逆性作出科学合理的分析后，选择适合资溪道路绿化的树种且能体现地方特色的绿化方式。

二、"多点开花"为河道造新景

一是加强河道环境整治。资溪县加强对淤积较为严重的河段进行清淤，在不破坏河道自然断面的基础上，清理垃圾废渣等各种破坏河床的杂物，进行河道平整，恢复河道的纵横向连续性，使河道清洁畅通，改善河道的水文特性。对边坡进行修整维护，恢复植被，在河道沿线加固防护栏，增添休闲放松器械。

二是制定河道绿化方案。按照因地制宜的原则，充分考虑资溪县河道的地质情况，选取适合植物品种。考虑绿化植物与周围建筑、现有自然风景的协调性，合理选择植物品种，搭配植物颜色、造型，保证与河道交通协调共存。

三是加大对河道绿化质量管理力度。资溪县加强河道环境整治措施，明确各部门管理责任和工作内容，成立由专业人员组成的河道规划小组、施工小组、环卫小组、维保小组等相关治理小组，明确分工，落实责任，各部门小组之间遵循河道绿化管理标准和相关法律规章制度，从全局出发，相互协调配合，循序渐进开工，共同解决河道绿化问题。最后加大举报监管和执法的力度，约束管理人员在工程质量和经济利益前的行为，维护河道绿化建设成效。

四是加强河道绿化养护。考虑绿化植物其本土性、经济性、固土性、景观性、无害性，方便后期养护管理，保证绿化效果也节约养护成本。加大对绿化养护的资金投入和技术支持，引入专业的人才和国内外先进养护技术和设备，推动河道养护工作的长远发展。加强病虫害的防治，坚持"预防为主，综合防治"，及时掌握虫情、疫情，建立健全病虫害应急抢救方案，保证绿化植物的健康生长。

第三节 乡村绿化建起山城最美"后花园"

一、合理进行生态绿化建设的统筹规划

资溪县聘请专业人士对乡村生态环境现状和破坏情况进行充分调研，立足于调研数据和信息合理制定规划，并充分吸纳园林、当地村委以及林业部门的有关意见，进一步明确规划和设计目的。充分挖掘当地的生产生活习俗和历史文化底蕴，把建设重点落实在自然村落保留点，从田园风光、现代农业、非物质文化遗产、历史名人等方

面入手，构建了"一村一风格""一物一风情"的特色布局，致力打造环境、产业、历史遗迹、人文景观相互支撑的建设格局，充分彰显农村的亮点特色。通过科学合理的布局、合理配置植物，规划建设区域内的蓄水池、浇灌管网及消防通道等基础设施，点、线、面三点相结合。同时，根据不同地域的经济条件，进一步制定短、中、长三个不同阶段的规划目标，循序渐进，实现规划总目标。

二、实现生态绿化建设的技术创新

资溪县加大资金倾斜力度，积极引入新技术、新成果。一方面引进先进的生态修复技术。根据本地区出现的生态破坏问题，有针对性地引进国内先进的生态修复技术和专业的生态修复企业，突破传统的生态修复技术瓶颈，像"植皮"一样快速、高效地修复生态环境。另一方面引进领先的绿化模式和种植技术。以"村边森林化、村内园林化、道路林荫化、庭院花果化"为目标，积极开展街道庭院、隙地绿化，多树种混交，多林种配置，乔灌花立体搭配式村庄绿化，推动乡村绿化美化建设。

三、加强生态绿化的全过程管护

资溪县利用宣传车、村广播、开群众会等多种形式，广泛宣传植树造林后期管护的重要性及树苗管护的方法，把爱林护林宣传到每家每户，做到家喻户晓，人人皆知。镇、村落实好树苗管护责任制，把树苗管护责任落实到户，实行镇干部包村，村干部包组责任制，层层签订责任书。明确植树造林后期浇水、培土等事项，按照"谁栽树、谁管理、谁受益"原则，责任落实到人，确保栽一棵、活一棵、长一棵。各村、居建立长效管护机制，成立巡防队伍，坚持巡查林木成活情况，杜绝人为破坏、盗伐林木等现象发生。组织农业中心人员不定期对林木管护工作进行督查，发现问题，立即纠正，对管护责任落实到位，管护效果好的村居给予表彰奖励，对重视不够、管护不力的人员进行通报批评，并取消全年评奖评先资格。

案例1 增植补绿助力新月畲族村"脱贫致富"

图2-3 新月畲族村

近年来，新月畲族村村民一直奋战在绿化工作的第一线。村党支部书记带领村民发展苗木产业、打造生态示范新村、加快全村国土绿化，加快了新月畲族村的致富进程。

绿化村庄 风景宜人

多年来，新月畲族村立足提高绿化覆盖率的高度来认识村庄绿化工作。新月畲族村深刻认识到，要想把新月苗木品牌打响，首先要做好村子的绿化工作。新月畲族村通过博览绿化丛书、请教地方园林专家，掌握适合资溪县地质、气候特征的各种树木、花草生长规律和绿化效果，打牢绿化技术业务基础，依靠当地马头山30万亩原始森林生态资源丰富的优势，通过嫁接、取种等方式，培育树木，为建设环境优美，绿色资源丰富的新农村做了大量扎实有效的基础性工作。现如今，走进新月畲族村可以看到，红玉兰、黄栀子、香樟、雪松……各种植物簇拥着20多米高的"清华"式3层大门楼，12米宽的水泥路两旁一幢幢小洋楼整齐排列，每家每户的房前屋后都种植了各种经济树种和四季花卉，春有杜鹃、夏有兰花、秋有菊花、冬有君子兰，四季花开不败，全年桂花飘香。村内环境保护良好、郁树葱葱、村容村貌整洁，离村部不远的后山，有保存完好的"护村林"，山上竹树葱郁，风景宜人。

图2-4 畲族村门楼

发展苗木 脱贫致富

1998年的洪灾过后新月畲族村开始灾后重建，但新月畲族村的村民由于建房大部分欠下了2万～3万元的债务。在严峻的现实面前，村民们把思路定位在了发展苗木生产、做大做强花卉苗木产业上，推行山上采种、山下播种模式，为新月村的苗木生产开辟出一条新的路子。为了打消村民们担忧、矛盾的心理，村干部率先种植苗木，甚至全部积蓄购买了种子、化肥，不断培养种苗能手，增强传帮带力量。当年村民们就喜获丰收，村民每亩苗木纯收入少的有5000元，多的达上万元。新月畲族村抓住契机成立资溪县新月畲族苗木股份有限公司。如今，新月苗木产业如一夜春风来，600多亩花卉苗木，50多个品种在造林、绿化、盆景市场各展风采，有的村民还在浙江、江苏、福建等地创办苗木基地，"新月苗木"成了新月畲族村的一个知名品牌。

实干兴村，植绿富民。新月畲族村在收获财富的道路上，成就每个人的绿色梦想。

案例2 绿化工程谱写"生态高田"新篇章

图2-5 资溪高田乡

高田乡，位于资溪县西部，东南与南城县沙洲镇为邻，西北与金溪县黄通乡毗连。辖区面积129平方千米，林地14万亩，耕地1.9万亩，下辖8个行政村，108个村小组。

近年来，高田乡树立"植树造林、利在千秋"的理念，采取三项措施，确保造林绿化工程落到实处、取得实效。一是鼓励民间资本参与造林绿化。高田乡按照"依法、自愿、有偿"的原则，对在荒滩、公路两旁造林绿化的群众，不仅免费提供苗木，而且确定栽种、管护的群众在林木成材后拥有林木所有权，使群众吃了定心丸。二是加强造林技术服务。为确保植树造林的质量和苗木的成活率，高田乡成立了技术服务小组，对挖坑质量、栽植密度、栽植方法以及浇水等环节进行了严格把关，并做好造林绿化的其他服务工作。三是加强督促检查。高田乡通过量化任务，制定奖惩办法，与村委、村组、村民层层签订植树造林管护目标责任书，落实了所栽苗木的管护人员责任，确保了造林质量。

为确保造林绿化工程任务保质保量完成，高田乡采取四项措施做好自查自纠工作。一是乡党委政府高度重视，成立造林绿化工作领导小组；二是抢时间、抓质量，聘请造林专业队伍，高规格整地，高标准栽植，全面完成山下造林；三是组织林业技术人员对已栽好的树木进行自查，发现未成活的树木及时组织人员补植；四是落实造林绿化管护主体和经营主体，签订管护协议书，做到有人栽、有人管、有效益。

目前，高田乡以国家级生态乡镇建设为契机，按照生态为本，合理布局原则，大力打造园林乡镇，从规划上切合资溪生态发展，谱写"生态高田"新篇章。

第三章 野生动物保护营造"和谐生态"

资溪县动物资源十分丰富，野生动物资源中有哺乳类、鸟类、两栖类、爬行类、鱼类、软体动物、浮游动物等35目158科770种。其中，属国家一类保护动物有7种，属国家二类保护动物37种。水生动物资源以内陆淡水鱼类为主，有40余种，已利用的有30余种，其中重要的经济鱼类有20余种。近年来，资溪县加大野生动物保护力度，从各方面打击猎捕野生动物犯罪，同时开展野生动物研究，掌握野生动物分布种类和数量，为野生动物监测管理和保护提供科学依据。

第一节 "三链融合"撑起野生动物"保护伞"

一、完善野生动物保护管理体系链

一是对野生动物实施科学的保护规划，构建生物多样性保护战略和具体行动规划，在一定时期内，对生物多样性保护的主要目标、具体原则、技术措施、制度构建、资金保障和实施方法等做出科学的统筹设计和合理安排，从战略层面和政策层面对野生动物构建完善的保护框架。

二是完善执法体系。资溪县对各类涉及野生动物的非法贸易进行严厉打击，对农贸市场、花鸟市场和餐馆饭店等重点场所进行清查，对候鸟停歇地和迁飞通道等进行严防死守，对各类非法野生动物交易场所实施坚决取缔。

三是构建完善的监测体系。针对野生动物构建疫源疫病监测点，防止各类疫病在野生动物种群中的危害蔓延。深入考察和全面了解区域内野生动物实际分布情况，重点了解野生动物生存涉及的栖息环境、水源条件和繁殖条件等，对野生动物的生存环境进行有效保护。

四是强化野生动物疫情防控和监督检查，对隔离防控各项措施进行有效的落实执行。成立检查组，对野生动物饲养繁育场所进行重点检查，并做好隔离防控措施，建立野生动物台账。对野生动物实施消毒防疫，形成常态化的防疫制度。

二、提高野生动物研究技术链

一方面立足于野生动物保护现状，加强生物多样性研究。从种群数量、繁殖规律及生态习性等方面对野生动物实施动态监测，并为野生动植物构建信息系统和保护繁殖研究中心，引进先进的繁殖技术，扩大现有野生动物相应的种群数量。另一方面了解野生动物的习性对自然保护区进行科学搭建，依托自然保护区，深入研究野生动物的多样性。从保护生物多样性的视角，充分考虑野生动物保护的各项需求，实施科学的保护规划，并加强相关保护设施的构建，野生动物构建保护设施，构建自然公园、野生动物保护区等保护设施。

三、建立野生动物保护人才链

一是加大培训力度，使在职的野生动物保护人员专业素养不断得到提高，建立起保护野生动物的责任意识。二是在招聘选拔野生动物保护人员时严格考察标准，不仅要求其具备保护野生动物的专业能力，还要求其具备较强的野生动物保护意识。三是建立起考核机制。针对在野生动物保护工作开展中责任心不强，或者专业能力不够的人员，可结合实际情况进行适当的惩处，以督促其加强责任心、重视专业能力的学习。

案例1　鸟儿们的"舞台秀"：中国·江西资溪观鸟赛

图 3-1　中国·江西资溪观鸟赛

2021年4月，正值全国爱鸟周之际，资溪县政府联合中国观鸟组织联合行动平台（朱雀会）等单位，组织了以"纯净资溪·飞鸟乐园"为主题的观鸟赛，来自全国20个省份的18支参赛队伍齐聚资溪。

此次观鸟比赛的赛区覆盖资溪全境，组委会推荐了北南西三个方向的重点线路，从国家级自然保护区到高山湖泊，从国家森林公园到生态茶园，从国家湿地公园到万亩竹海，18支队伍，每队4人，每支参赛队配备一台小车，或沿途停车，或徒步深入，在4月22—24日的62小时内，于资溪县不同地域环境观鸟，通过鸟赛专用APP提交记录，共记录205种鸟类，是全国观鸟除了昆明记录最多的一次。揭示了资溪鸟类多样性，为科学保护提供重要支撑，有利于进一步摸清资溪县域鸟类资源，为高质量保护自然资源提供科学依据，对丰富资溪研学旅游内涵，培育生态文明科普科教品牌，提高公众的生物多样性保护意识具有极大的帮助。

在清凉山国家森林公园、御龙湾、栋梁水库，观鸟者看到了栗颈凤鹛。它雌雄羽色相似，额、头顶枕灰色，头顶有一短的不甚明显的羽冠，系由头顶羽毛向后延长形成、灰色具细的白色羽干纹，眼先灰色，眉纹白色不甚明显，其上有时杂有褐斑，眼后、耳羽、后颈和颈侧淡栗色或棕栗色、形成一宽的半领环，有的后颈栗色不明显或没有，各羽亦具白色羽干纹。

在御龙湾、马头山，白腰文鸟出现在人们的视野中。白腰文鸟属小型鸟类，体长10～12厘米。上体红褐色或暗沙褐色、具白色羽干纹，腰白色，尾上覆羽栗褐色，额、嘴基、眼先、颏、喉黑褐色，颈侧和上胸栗色具浅黄色羽干纹和羽缘，下胸和腹近白色，各羽具"U"形纹。相似种斑文鸟腰部为白色，羽色亦不同。

本次观鸟赛的举办，将为资溪县更新鸟类名录，普查生态资源提供扎实的资料基础，同时也为资溪县向全国人民发出了一张建设"生态旅游度假基地"、叫响"生态旅游城市"、推动文体旅进一步融合发展的春天请柬。

案例2 华南虎的"新"家：华南虎繁育及野化训练基地

2008年7月，为拯救濒临灭绝的华南虎，做大做强资溪县生态旅游产业，资溪县成立华南虎野化放归管理办。2015年8月，江西省林业厅在资溪县出台了《江西资溪华南虎繁育及野化训练基地项目规划》评审会。在规划实施中，确立以"民办公助"形式实施华南虎繁育及野化训练基地项目，由江西九龙湖旅游度假区有限公司作为该项目承接单位并签订项目合作协议。该项目占地246.8公顷，总投资1.2亿人民币，分二期建设，第一期主要建设华南虎野化繁育试验区围栏、科研实验室、监测塔、狩猎场等相关附属设施配套建设及对试验区进行生态恢复；第二期主要建设保护区围栏、直升机场、野外拓展营地。2018年11月25日，资溪县林业局与国家林业和草原局华南虎保护研究中心、南昌市动物园管理处签订《关于联合开展华南虎保护行动的框架协议》，并将引进华南虎实施方案报送至国家林业和草原局。2019年1月，资溪县完成《资溪县清凉山华南虎繁育及野化训练项目可行性研究报告》及总体规划；2019年2月，完成专家组的评审工作，同时完成项目基础建设的前期准备工作；2019年12月，完成项目的基础建设工作，主要有项目区围栏建设、标志性大门、虎舍、综合办公楼、瞭望监测塔以及华南虎猎物饲养点的建设工作，同时安排饲养员接受专业技术培训。2020年1月，与南昌动物园对接引进华南虎到项目地开始华南虎繁育及野化训练工作。

华南虎繁育及野化训练基地项目的建设和发展，不仅具有显著的生态效益、社会效益和经济效益，也对于促进自然保护事业和社区经济的发展、协调保护与发展的关系，实现资源、环境与经济的可持续发展具有重要意义。

案例3 从"争地盘"到为猕猴"腾地方"

图3-2 猕猴在嬉戏玩耍

"在过去人猴之争中,猕猴败给了人类;现在,我们主动'败'给了猕猴。"资溪县马头山镇昌坪村村民这样形象描述举家搬出大山为猕猴腾地方。

人与动物争地盘

马头山镇昌坪村紧邻马头山原始森林,是猕猴主要的栖息地。以前山上有很多猕猴,猴子经常跑到村民的林地里,专挑笋尖剥,剥完了就啃,因此村民种笋损失惨重。为此,20世纪90年代,村民开始捕杀猕猴,猕猴数量逐渐减少。另外,在资溪县嵩市镇桥湾村曾上演过"虎口夺食"。20世纪五六十年代,老虎出没非常频繁,经常来村里偷猪。后来,一批外地人来这里猎虎,到20世纪80年代,就再也没听到过山林的虎啸了。

为野生动物腾地方

2008年,资溪县马头山升级为国家级自然保护区。由于保护区的设立,山里的猕猴多了起来,猴群毁坏农作物及竹林,频频骚扰农户。村民们的两难境地引起了马头山镇政府的重视。为此，马头镇出台优惠政策倡导和鼓励深山区村民外出创业。在创业热潮的引领下，昌坪村村民纷纷走出大山加入"面包大军"。2008年起，资溪县按照整体搬迁、分类安置原则，引导村民举村搬迁或进城购房。2013年4月17日，资溪县昌坪村朱家村小组朱财火最后一个举家搬迁至县城。至此，昌坪村730名村民为国家二级保护动物猕猴让出了自己的家。同样，为了建设华南虎繁育及野化训练基地，世代居住基地范围内的桥湾村民也将搬离他们的家园。

生态效益初显

村民举家搬迁，或是将养殖基地迁出，为当地带来了巨大的生态效益。近两年猴子的数量多了很多，从原来的几十只发展到现在至少有200只。村民下山搬迁，既保护了生态环境，又改善了居民生活。

第二节 "从严执法"织密野生动物"保护网"

近年来，资溪县切实加强对破坏野生动物资源违法犯罪行为的专项打击和综合治理，有效保护资溪的野生动物资源，在全县营造积极爱护野生动物、共建美好绿色家园的良好气氛，全面促进人与自然的和谐发展。

一、"组合拳"让野生动物资源违法犯罪"无处可逃"

（一）重点打击整治违法犯罪行为

资溪县重点打击以下违法犯罪行为：一是利用投毒、网捕、枪击、下套等手段，非法猎捕、杀害野生动物的行为；二是非法收购、出售珍贵、濒危野生动物及其制品，以及非法加工、经营、利用野生动物的行为；三是非法运输珍贵、濒危野生动物及其制品行为。

（二）重点检查可能违法犯罪的场所

一是关注受到严重破坏的野生动物栖息繁衍地；二是重点检查非法加工、经营、利用野生动物的窝点、宾馆、饭店、餐馆、酒楼等餐饮场所;三是突击检查汽车、摩托车等重要运输工具,以及野生动物及其制品的重点运输线和交通要道;四是加强自然保护区等场所巡逻工作。

(三)开展专项行动打击猎捕野生动物犯罪

全县部署"开展严厉打击破坏野生动物资源犯罪专项行动",结合上级法院和县委、县政府工作要求,研究制定专项行动实施方案,迅速形成打击破坏野生动物资源刑事犯罪高压态势,做到"三快一严",即快立案、快审判、快结案,严惩处,突出对破坏野生动物资源刑事犯罪的"严打"精神。同时,组织全县干警参加了全县保护野生动物、承诺不捕杀不销售不食用野生动物万人签名活动。

二、"连环招"让非法捕捞"销声匿迹"

一是做好"监督员"。资溪县民警与市场监督管理局工作人员对全县农贸市场、酒店、饭馆等进行检查,重点查看各经营主体是否存在销售天然水域渔获物的违法行为,同时向各经营单位宣传禁售天然水域非法捕捞渔获物的相关政策,要求经营户提高生态保护意识,履行社会责任,依法经营,积极配合做好长江水域"十年禁渔"工作。

二是念好"紧箍咒"。通过法制宣传讲座、宣传海报、宣传横幅等宣传形式,广泛宣传严厉打击非法捕捞的坚定决心,积极营造强大的宣传声势,使"十年禁渔"的意识深入人心。同时,鼓励引导消费者自觉抵制天然水域"野味"、文明理性消费,积极举报相关违法线索,发挥群众监督作用,努力营造加强天然水域禁捕,打击市场销售天然水域渔获物行为,共同保护生态环境的良好社会氛围。

三是筑好"防护网"。资溪县积极创新工作方式,首次使用无人机挂载专业镜头进行实时低空搜寻、搜索,实现"脚板+科技""空中+地面"有机结合,利用无人机进行遥感监测,再对航拍图像数据进行人工识别,发现疑似非法捕捞点后安排民警前去针对性核查,大大提高了工作效率和准确度,实现了高效精准打击非法捕捞违法犯罪行为。

四是架好"高压线"。长江禁捕退捕是一场硬仗,资溪县抓住重点,分析研判打击非法捕捞工作形势,针对重点水域进行全方位、拉网式巡查,并将形成常态化的夜间巡查机制,抓好天然水域禁捕工作,不断巩固禁捕退捕成效,始终保持严打非法捕捞高压态势。

案例　源头治理对伤害野生动物行为"零容忍"

为增强群众野生动物保护意识，规范公务接待行为，资溪县印发了《资溪县野生动物保护管理办法》和《关于重申公务接待有关纪律规定的通知》。

整治从源头抓起。按属地管理和分工，乡（镇、场）组织力量排查安装电网、铁夹非法猎捕野生动物现象，充分发挥基层村委干部作用，收集破坏野生动物信息并及时与相关部门沟通。基层林业工作站和野保局负责陆生野生动物活动区、候鸟越冬地、繁殖地、迁飞停歇地、迁飞通道的野外通道的巡护和监管；农业局加强水生野生动物活动区巡护、监管及案件查处；森林公安局加大查处非法猎捕案件力度，严厉打击使用铁夹、毒药、非法枪支等手段乱捕滥猎野生动物的行为；市场监督管理局对集贸市场内经营陆生、水生、野生动物进行监管，依法打击非法经营野生动物行为。与此同时，加强野生动物驯养繁殖和经营利用单位（个人）的整治。县林业局、农业局对企业强化日常管理、细化台账管理，严把利用种类和数量关，坚决杜绝超数量、超种类利用野生动物资源。对超种类、超范围经营野生动物及其产品的，坚决依法查处。加强对野生动物驯养繁殖、展演场所的安全排查，严防野生动物逃逸事件发生，维护公共安全。

专栏　生态涵养"三本账"

1 经济账："护绿、用绿"释放生态红利

林下经济发展

全县 2023 年 1—8 月森林药材种植共 16671.8 亩，合格面积 15434.3 亩。种植品种为灵芝、茯苓、黄精，其中灵芝合格面积 15056.8 亩、茯苓合格面积 299.8 亩、黄精合格面积 77.7 亩，共申请省级财政种植补贴资金 611.376 万元。

森林保险和公益林续保

2020 年，全县森林保险面积约 160 万亩（其中火灾险 94.7438 万亩、公益林综合险 54.6538 万亩、大户综合险 8.3424 万亩、昊利公司 2.26 万亩）。

2 生态账："营、造、育"守住绿水青山

公益林和天然林保护

2023 年，全县公益林面积 54.39 万亩，天然林面积 41.43 万亩。

森林防灾减灾

2022 年资溪生物防火林带面积 254 公顷。林业有害生物调查监测覆盖率 100%，无公害防治率 100%，木材及其制品的调运检疫率 100%，种苗产地检疫率 100%。

3 民生账：产业扶贫助力决胜脱贫攻坚

提供公益性岗位

2023 年全县聘用生态护林员 150 名，人均年增收 1 万元，极大地助推全县贫困户脱贫进程。其中，新云峰木业公司、泰伯竹业、大庄公司等重点企业共吸纳 10 余名贫困户就业，人均工资每月超过 3000 元。

绿水青山既是自然财富、生态财富，又是社会财富、经济财富，保护生态环境就是保护生产力，改善生态环境就是发展生产力。资溪县充分发挥了生态环境保护的引导和倒逼作用，打好污染防治攻坚战，重点抓住污染攻坚战三大领域问题，大力推进大气、水体、土壤污染治理，构建了县乡村组四级山水林田河系统保护与综合治理制度体系；健全环境保护监督机制，改善环境质量促进资溪县生态环境不断优化，建立了保护生态环境、促进经济增长、完善城乡环境保护和生态环境建设的长效机制，让绿色成为资溪县高质量发展的底色。本篇重点归纳资溪污染防治攻坚相应做法及取得的硕果，总结资溪打好污染攻坚战的相应经验。

第二篇

擦亮『纯净资溪』底色

污染防治攻坚

第四章　污染防治攻坚托起资溪蓝天白云

　　资溪县严格落实大气污染防治各项措施，组织执法检查督办，重点抓好了建筑工地及道路扬尘、工业废气、机动车尾气、餐饮油烟"四大专项整治行动"，禁燃烟花爆竹、禁止秸秆露天焚烧，加强细颗粒物和臭氧协同控制。通过整治，县空气环境质量自动监测站监测结果表明，资溪县环境空气质量继续保持总体优良，明显改善了大气环境质量，基本消除了污染天气。

第一节　扬尘治理绘就"资溪蓝"

　　资溪县通过加强房屋建筑和市政基础设施工程扬尘治理工作及道路扬尘治理工作，构建了过程全覆盖、管理全方位、责任全链条的扬尘治理体系，资溪县所有建筑工地按照江西省住房和城乡厅的《江西省建筑施工扬尘检查标准》全部达到扬尘治理"六个百分之百"（即工地周边围挡、物料堆放覆盖、土方开挖湿法作业、路面硬化、出入车辆清洗、渣土车辆密闭运输）的要求进行整顿和治理，清运车辆带泥上路和沿途抛洒等现象得到明显改善，遏制了扬尘对空气质量的影响。

一、对症下"药"攻克工地扬尘治理

　　一是开展工地扬尘治理专项整治行动。资溪县全面落实了建筑工地周边围挡、物料堆放覆盖、土方开挖湿法作业、路面硬化、出入车辆清洗、渣土车辆密闭运输"六个百分之百"要求，建立了扬尘治理长效机制，以解决建筑工地扬尘污染突出问题。

　　二是落实各方扬尘治理主体责任。在建设单位方面，资溪县建设单位对房屋建筑与市政基础设施工程施工工地扬尘治理负总责，将施工扬尘治理的费用列入工程造价，在招标文件中对扬尘治理费进行承诺，在工程承包合同中明确相关内容并按实结算，为绿色施工提供足额的财力支持；在施工单位方面，施工单位建立施工扬尘治理责任制，针对工程项目特点制定具体的施工扬尘治理实施方案，并严格实施，确保了扬尘治理工作落实到位；在工程监理单位方面，工程监理单位将扬尘污染防治纳入工

程监理细则,并对现场的扬尘污染行为要求施工单位立即整改,对不立即整改的,及时报告建设单位和县住建局。

三是严格监管施工现场。资溪县将建筑工地扬尘治理纳入施工现场安全生产文明施工标准化工地建设管理的重要内容,实行"一票否决"制度,全面提高扬尘治理管理水平。环境空气质量指数达到中度及以上污染时,施工现场增加洒水频次,加强覆盖,减少或停止易造成大气污染的施工作业。三方责任主体所有扬尘治理管理人员每天挂牌上岗,并按照要求及时报送当天扬尘治理动态信息。

四是构建扬尘治理网格组。资溪县以扬尘治理网格组为单位,由各网格组长及网格监督员分别对城区内建筑工地、拆迁工地、市政工程、PPP项目工程等进行联动监管,做到任务明确,责任到人,以此有效化解环境风险。

二、锁住"扬尘源"助力道路扬尘治理

一是监管到位。资溪县对车辆带泥上路、道路扬尘问题管控到位,对造成道路路面污染、抛洒泥土的车辆及工地进行执法检查,严格渣土运输管理,严禁渣土车带泥上路、覆盖不严等违规运输行为,查处违规渣土运输。

二是整改到位。资溪县执法人员针对建筑施工工地进出口地面没有硬化、渣土车进出不冲洗、渣土车上不覆盖及管道和工地施工现场没有任何覆盖和降尘措施现象,立即进行整改;针对裸土未覆盖、现场未封闭围挡、道路积尘严重、出入口未设置冲洗设备、无喷淋设施等情况,立即现场下达"责令改正通知书"并下发告知书,建立整改台账,责令相关当事人立即停止工程施工并进行全面整改。

三是防尘工作清单化。资溪县重点围绕扬尘污染问题,进行全覆盖拉网式排查整治。全面推进实施防尘设施标准化管理、防尘措施全过程覆盖、防尘工作责任清单化。并且对工作落实不及时、问题整改不到位的单位,坚持有责必问、问责必严,进行相关追责。

案例1 密织"扬尘防护网"治理工地扬尘

资溪县严格落实了大气污染防治决策部署,多措并举,强化执法监督,确保在建工地规范施工。

一是开展了建筑工地扬尘治理专项整治行动。资溪县召开了关于开展建筑施工扬尘治理"十差工地"认定动员会，下发《关于资溪县建筑工地扬尘治理的通知》，并对全县工地进行执法检查，针对违规现象下发整改通知多份。在开展扬尘治理行动的过程中，由资溪县政府办牵头，住建局、城管局、生态环境局资溪分局联合对工地扬尘治理设施进行检查，主要针对县城在建工地车辆冲洗平台是否建设、裸露黄土是否覆盖、主要出入口道路是否硬化等情况进行检查。

二是强化了扬尘执法力度。在执法标准制定方面，资溪县按照"绿色施工、文明施工"的标准，以工地出入口清洗设备、设置围挡、地面硬化、渣土覆盖、洒水防尘为重点，对施工现场进行全面执法检查，对在检查中发现不符合要求的，当场下达责令限期整改通知书，确保问题整改到位不反弹。在巡查督导方面，资溪县开展定期与不定期巡查，及时开展"回头看"整治行动，对存在问题的建筑施工企业采取集中约谈和个别约谈的方式，督促做好问题排查整改，落实工地防尘抑尘措施。

经过治理，资溪县施工企业具备有序、有效处理工地各项扬尘的能力，创造了更加良好的施工环境，提高了施工场地周边居民的空气质量。

案例2 源头"下刀"整治道路扬尘

为加强城区扬尘污染治理，改善空气质量，确保市民出入道路整洁，资溪县城管局、交警大队加强了工地渣土运输日常巡查和监督工作，对造成道路路面污染、抛洒泥土的车辆及工地进行执法检查，并督促整改。同时，加强了对渣土车通行秩序管理和违法查处工作，开展了渣土车交通违法专项整治行动。

着力开展排查 筑牢源头管控根基

一是按照属地原则对辖区内在建工地、渣土消纳场、渣土运输企业和渣土运输车辆进行一次仔细摸排，并对施工工地、从事渣土运输的车辆、驾驶人逐一进行核查，按照"户籍化"管理的原则对人、车进行建档并签订《交通安全管理责任书》；二是定期走访建筑工地，对安全管理责任人"一对一"开展谈话，督促责任人落实管理责任。执法人员根据辖区工程进度和拉运建筑材料车辆的运行时段，检查有无违反规定时间、路线运输行为，从运输渣土、建筑材料车辆的源头加强监管力度。

着力开展研判 确保整治工作针对性

一是不断摸排掌握辖区在建工地的具体情况，采取轮胎痕迹研判、执法人员互通信息、走访市民等方式详细掌握渣土车辆的通行轨迹，对整治工作中发现的问题及时梳理、及时分析、及时研判；二是对涉及渣土车的交通事故，进行一案一分析，对交通事故成因、引发交通事故的交通违法行为、违法时段等因素进行认真分析，查找路面管理的短板。在充分掌握渣土车交通违法行为规律与特点的基础上，资溪县交通执法人员适时灵活调整战略战术，以确保查处渣土车辆交通违法行为工作的针对性和实效性。

着力开展管控 严查交通违法行为

针对城区渣土车通行规律和夜间行驶的特点，资溪县有针对性地强化警力部署、调整勤务模式。一是加强重点违法管控，资溪县各相关职能部门依法严处渣土车闯红灯、涉牌涉证、加装改装、未按规定安装尾部和侧面防护栏等交通违法行为，特别对使用假牌、假证或是无牌、无证的渣土车及其驾驶人，严格按上限处罚；二是加强重点区域管控，针对渣土车违法行为大多发生在夜间的特点，资溪县加大重点时段检查与动态巡查的力度，联合城管执法部门对渣土运输的施工地点、渣土处置地点、渣土运输线路实施多方位管控，严处渣土车不按规定路线行驶；三是严格落实抄告制度，定期将辖区渣土车及其驾驶人的交通违法以及事故情况向所属的运输企业和当地安监、交通运输等部门进行抄告，配合督促企业加强车辆运行监管，对驾驶人视情采取批评教育、停岗培训、调离岗位或解除聘用等措施，跟踪督促落实。

着力开展宣传 提升交通安全意识

资溪县坚持标本兼治，抓好源头管理，加大交通安全知识宣传力度。一是深入建筑工地和渣土运输企业开展交通安全宣传活动，通过发放交通安全宣传材料、专题讲座等形式对渣土运输车辆车主、驾驶人开展集中宣传教育，通报工程车交通事故典型案例，强化渣土运输从业人员的交通安全、文明、守法意识；二是整治行动期间，主动邀请新闻媒体随警深入一线开展报道，对渣土车无牌无证、违反交通信号等典型交通违法进行"大曝光"，讲解其危害性，提高管理的威慑力；三是在建筑工地、主要行驶路线悬挂宣传横幅、张贴宣传标语等各种宣传形式，提醒广大市民和驾驶员提高安全防范意识，增强道路交通法治观念，确保宣传工作不留盲区。

第二节 废气整治打出"组合拳"

针对工业污染、燃烧秸秆、燃放烟花爆竹、餐饮油烟直排扰民等大气污染重点问题，资溪县采取措施狠抓"三烟三气"，开展了"散乱污"企业整治、秸秆禁烧、烟花爆竹禁限放等系列措施，构建了污染治理和管理长效机制。经过联合整治，杜绝了污染企业入驻，重要传统燃放时段禁放区域内基本实现了"零燃放""零事故"，露天烧烤污染空气和扰民现象明显减少，县城区餐饮油烟问题得到有效治理，有效改善了大气环境质量。

一、"严拒+限排"落实工业大气污染防治

一是严拒"两高"企业。资溪县政府对"散乱污"企业依法进行关停取缔，并全面实施木竹加工企业"退城进园""退路进园"，现有的"散乱污"企业已全部关停，辖区内涉废气排放的企业全部实行工业污染源清单制管理模式，做到达标排放。同时，坚决杜绝高污染、高排放企业进入资溪县，拒绝了诸多可能带来污染却拥有高收益的项目，比如可能带来大气和水污染的180亿元大型火力发电厂项目，10多亿元水钻饰品企业意向合同等。

二是督促企业合理排放。资溪县对县生活垃圾填埋场填埋库区与调节池内的气体

进行收集处理或利用；对排查涉 VOCs 原辅材料的企业督促达标排放，已加强对涉工业锅炉（窑炉）企业的监管，并对已经煤改生物质的锅炉进行"回头看"检查；完成了温室气体控制排放目标责任评价，持久性有机污染物报送。

二、"网格化＋清单"管治露天焚烧秸秆

资溪县开展焚烧秸秆专项治理行动，全力狠抓秸秆禁烧工作，扎实推进大气污染防治。

一是落实网格化管理。资溪县严抓全县秸秆禁烧，建立了"秸秆禁烧"网格化监管体系，落实网格长、网格员（联络员），分片监管，形成管理机制，通过每天定时对城区范围内巡查宣传，对于发现问题及时整改，实现禁止秸秆露天焚烧管理全覆盖。

二是实施清单管理。资溪县执法人员对重点区域实施清单管理，对辖区内秸秆归属农户及秸秆、杂草分布情况进行全面摸底，聚焦重点区域，调整了人员力量部署，并增加巡查频次，加大宣传秸秆禁烧政策。同时，严格按照有烟必查、有火必灭的要求，建立快速反应机制，对禁烧工作中出现的违法行为发现一起、制止一起、查处一起，保证重点时段和重点区域不燃一把火、不冒一处烟。

三、"禁售＋禁放"严控烟花爆竹燃放

一是制定烟花爆竹限禁政策。资溪县先后制定并施行了《资溪县城市烟花爆竹禁放专项行动工作方案》《资溪县烟花爆竹禁限放工作实施方案》《资溪县城市建成区和城市建成区外重点场所全面禁止燃放烟花爆竹工作方案》，推进烟花爆竹禁放专项行动，广泛宣传发动社会广大群众自觉遵守禁放规定。

二是抓住重点治理时段。针对春节、元宵、清明、中元节、冬至等传统燃放时段少数人员违规燃放的规律特点，资溪县提前谋划研究部署，加强了传统重要燃放时段禁放巡查执法，加强了社会面禁放政策宣传，加大了巡查执法力度，严厉查处顶风违规行为，全面实现了县级以上城市建成区烟花爆竹"零燃放"。

三是清查禁放区域内非法零售网点。针对少数禁放区域内一些土杂日用品店、批发和集贸市场、居民区小超市等重点场所非法购销、储存烟花爆竹行为，资溪县公安、应急、市场监督部门定期联合清查，有效清除了禁放区域烟花爆竹购买源头。

四是广泛开展禁燃禁放政策宣传。资溪县充分利用了电视、广播、报刊等传统媒

体和政府门户网站、微博、微信等互联网新兴媒介，以及社区公告栏和公交、银行、楼宇电子屏，持续滚动宣传禁放有关法规政策，在城市重要街道、重要路口、重点单位以及居民小区等醒目部位张贴禁放公告提示，使禁放政策规定家喻户晓、人人皆知，社会各界人民群众自觉遵守禁放有关规定。

五是形成禁放部门联合执法机制。资溪县建立部门间联合执法机制，形成了禁放工作整体合力，建成以党委政府统领，公安牵头负责，部门间协作配合，全社会广泛参与的良好工作局面。同时，利用大数据、视频监控、物联网、无人机等新技术，推动智慧禁放建设，有效降低了人力巡查成本，提升禁放执法能力水平。

四、"规划+防治"源头管控餐饮油烟

一是餐饮服务业发展和空间规划管理。资溪县制定了《资溪县污染防治攻坚战县城区餐饮油烟治理专项行动实施方案》，持续推动县城区油烟污染治理工作，逐步推进现有餐饮服务场所与居民住宅楼分离，对居民住宅楼、未配套设立专用烟道的商住综合楼，以及商住综合楼内与居住层相邻的商业楼层内新建、改建、扩建产生油烟、异味、废气的餐饮服务项目，依法执行环境影响评价制度，依法依规履行相关环境影响评价手续。

二是餐饮服务业油烟污染防治日常管理。资溪县推动县城区所有餐饮服务场所安装符合环保标准的油烟净化设施，并确保正常运转和定期清理，督促监督餐饮服务单位落实好油烟污染防治要求。

三是餐饮服务油烟污染防治监管。资溪县对排放不达标或者不及时清理油烟净化装置的餐饮企业限期整改，对超标排放整改不力的餐饮企业停业整改，对不安装油烟净化设施、不正常使用油烟净化设施和超标排放的餐饮企业依法予以处罚；对达不到排放标准又不积极实施改造的餐饮服务单位，除依法予以处罚外，采取限制经营、停业整顿等措施，并依据法律立案处理，情节较严重的，由政府责令关闭或取缔。

四是露天烧烤摊点管理。在县城区从事餐饮业但无固定厨房且油烟直排室外的经营户，资溪县已出台规定责令限期进店经营，在规定的期限内没有进店的将依法予以取缔。现阶段逐步取缔非法占用道路、公共场所的露天烧烤摊点，确定的正规夜市商户要全面使用气、电等清洁能源，不得使用高污染燃料。同时，餐饮店使用环保餐饮灶具，加装并正常使用室外油烟净化装置。

案例 "零碳会议"成为资溪特色"碳中和"发展模式缩影

图 4-1 "零碳会议"绿色出行

2020 年 9 月 22 日，习近平总书记在第七十五届联合国大会一般性辩论上郑重向全世界承诺"中国力争 2030 年前二氧化碳排放达到峰值，努力争取 2060 年前实现碳中和"。为深入学习贯彻习近平总书记关于碳达峰碳中和重要讲话和指示批示精神，资溪县正在创建全国县域"碳中和"示范县，通过建立完善机制体制，形成具有资溪特色的"碳中和"发展模式。在此发展背景下，资溪县以第十五次党代会为切入点倡导"零碳会议"，结合全国节能宣传周"节能降碳，绿色发展"主题宣传活动，普及生态文明、绿色低碳发展理念和知识，营造崇尚节约、合理消费与低碳环保的社会风尚，推动形成绿色生产生活方式。具体从以下几个方面实现资溪特色的"零碳会议"：

一是牢固树立"碳中和"理念。低碳生活无处不在、无处不有。资溪县倡议参会代表学习掌握、宣传"碳中和"知识，树立低碳理念，倡导绿色低碳生活；向身边人宣传"碳中和"的意义和方式，带动更多的人参与到行动中来，引导全社会自觉树立节能低碳的消费模式与生活。

二是带头低碳生活、绿色出行。在会议开展过程中，参会人员积极响应县委县政府号召，从自身做起，发挥党代表的模范带头作用，争做低碳生活、绿色出行的先行者。具体表现为：会务组不再安排车辆接送，参会人员根据自身的身体素质选择步行、骑行的方式往返；住宿提倡使用自然采光和通风，确实需要使用空调的温度不应低于26℃，尽量使用可重复使用的物品，尽量节约用水，尽量减少对纸张的需求，鼓励垃圾分类投入；避免餐桌浪费，减少一次性餐具使用。

三是大力实施"碳中和"造林。会议因会场、住宿、用餐、交通等活动产生的二氧化碳，通过实施"碳中和造林"方式抵消会议期间直接或间接产生的温室气体排放量，从而达到会议温室气体净排放量为零的目的。在开展会议后，"零碳会议"所节省的有关费用全部用于植树造林。

第五章 污染防治攻坚护养资溪一泓碧水

资溪县高度重视抚河流域生态保护及综合治理工作，以"生态立县·产业强县·科技引领·绿色发展"为指导，"清河道、治污水、建项目、育产业"为重点内容，开展饮用水源地保护、城市黑臭水体整治、城镇生活污水处理、入河排污口整治专项行动，进行泸溪河流域水环境综合整治、饮用水源地污染源集中整治行动，开展水库水质污染、畜禽养殖污染专项整治，打造"最净溪河"，着力推进碧水保卫战，全力打好了"污水歼灭战"，"河长＋警长"制运行顺畅。

第一节 打响污水治理"歼灭战"

资溪县对"一河两岸"沿线生活、工业污水管网进行改造，沿河床铺设生活污水管网、工业污水管网，雨水倒灌问题得到解决；对处理后的生活污水及工业废水再循环利用，实现工业废水达标排放；完善基础设施，建成污水处理厂、生猪定点屠宰场、垃圾填埋场等项目，建设雨污分离管网。

一、"减污限污"源头施治企业污水排放

一是完善污水处理设施。资溪县建设和完善工业集聚区污水处理设施，所有企业已全部完成环保问题整改。当前已实现竹科技产业园、面包食品产业城集中式污水处理设施全覆盖，工业企业持证排污、按证排污全覆盖，同时，有条件的企业进一步提高排放标准。自建工业污水包括预处理和深度处理，处理后达标排放。县生活垃圾填埋场整合整治工程（防渗工程）已完工，将被污染的地下水截流并建好回收池、统一抽取回调节池经渗滤液处理站处理后达标外排。

二是限制工业污染排放。资溪县强化了重点企业污染源头管控，取缔严重污染水环境的产业项目，淘汰污染水环境的落后产能，严格控制新建高污染项目。城市建成区排放污水的工业企业依法持有排污许可证，并严格按证排污，对超标或超总量的排污单位一律限制生产或停产整治。排入环境的工业污水须符合国家或地方排放标准，有特别排

放限值要求的，依法依规执行。评估现有接入城市生活污水处理设施的工业废水对设施出水的影响，出水不能稳定达标的限期退出。工业园区建成污水集中处理设施并稳定达标运行，对废水分类收集、分质处理、应收尽收，禁止偷排漏排行为，入园企业按照国家有关规定进行预处理，达到工艺要求后，接入污水集中处理设施处理。

二、"正本清源"破题农业农村污水治理难

（一）畜禽、水产养殖污染整治

资溪县全面深入开展畜禽、水产养殖污染整治活动，重点围绕以生猪和鳗鱼产业为主的畜禽、水产养殖业存在的面源污染进行专项整治。主要体现在以下三个方面：

一是加强畜禽养殖环境管理，对设有污水排放口的规模化畜禽养殖场发放排污许可证，并严格按证排污，同时加快推进畜禽养殖废弃物资源化利用。

二是治理畜禽养殖污染，对不达标排放企业限期治理，对不达标排放影响大的养殖企业强行关停。禁养区内规模化畜牧养殖场（户）全部限期关闭或搬迁，将养殖设施转产利用，不能转产利用的及时拆除；禁养区外的养殖场（户）完善粪便污水贮存、处理、利用等设施，养殖废弃物基本实现无害化和资源化利用。

三是开展了水库投肥养殖行为专项整治工作，养殖户均签订了水库实行退养承诺书。加大整治收回工作力度，确保收回水库养殖承包权，建立健全长效管护机制。严禁在水库库区内进行围网围栏养殖、投肥、投类、投饲料、私自搭建等污染水体行为，一经发现和举报核实，由水库管护责任人依法承担相应法律责任。鳗鱼养殖场完成曝氧生物滤池等净化设施建设，减少养殖用水的接纳水体污染和影响。同时指导全县鳗鱼养殖场建设曝氧生物滤池等净化设施，减少养殖用水对接纳水体的污染和影响，创建了标准化水产养殖尾水处理建设项目 1 家（资溪县泉潭鳗鱼养殖场尾水处理项目）。

（二）农村生活污水治理

一是编制农村污水治理规划。资溪县已出台《资溪县域农村生活污水治理专项规划编制指南（试行）》，改善资溪县农村人居环境，并加大农村生活污水处理设施整改力度，组织有资质的第三方介入进行鉴定，依法依规聘请第三方对全县农村生活污水处理设施进行统一运营、管护。

二是梯次推进农村生活污水处理。资溪县推动城镇污水管网向周边村庄延伸覆

盖。因村制宜选择处理模式，优先解决县内主要流域沿线、集中式饮用水水源地、自然保护区、乡镇集镇及行政村所在地、中心村、大村生活污水处理问题，在此基础上整县连片推进。采取科学合理的农村污水处理设施和工艺，推进截污纳管集中处理、小型污水处理站、三格化粪池分散处理等方式。

三是积极完善农村垃圾收集转运体系。资溪县通过完善农村垃圾收集运转体系，有效防止垃圾直接入河或在水体边随意堆放。以"农村饮用水安全达标、农村污水（垃圾）集中处理"为切入点，大力开展入河（湖、库）排污专项整治。

三、"因地制宜"打赢黑臭水体"歼灭战"

一是实施城市黑臭水体防治环境保护专项行动。发布了《资溪县城市建成区黑臭水体防治三年攻坚战实施方案》，并按照其要求统筹上下游、左右岸、地上地下关系，重点抓源头污染管控，开展城市黑臭水体防治专项行动，提升城市水污染防治水平。同时，资溪县落实生态环境部、住房城乡建设部组织开展的地级及以上城市黑臭水体整治环境保护专项行动要求，借鉴排查、交办、核查、约谈、专项督察"五步法"经验，形成专项行动工作机制。资溪县每年开展一次城市建成区黑臭水体防治环境保护专项行动，专项行动发现的问题形成问题清单，交办地方人民政府，限期整改并向社会公开，实行"拉条挂账，逐个销号"式管理；对整改情况进行核查，对整改不到位的组织开展约谈，约谈后仍整改不力的将纳入环保督察范畴，并视情组织开展机动式、点穴式专项督察。

二是定期开展黑臭水体再排查。资溪县成立县黑臭水体防治工作领导小组办公室，并建立日常巡查、投诉受理及反馈机制，系统健全区域水体台账，定期组织相关部门巡查本区域水体，摸清水体本底环境质量，开展点源、面源、内源污染情况调查分析。在此基础上，建立了城市黑臭水体档案，按照"一河（湖）一策"原则，编制治理方案，明确治理目标、重点任务、治理措施和实施周期，并排定各年度治理计划。同时定期开展水质监测，对城区疑似黑臭水体的透明度、溶解氧（DO）、氨氮（NH_3-N）等3项指标在内的水质监测一次，及时公开和上报监测数据。

三是建立排污部门联合执法机制。资溪县强化县城建成区排污单位污水排放管理，特别是沿河（湖）岸工业生产、餐饮、洗车、洗涤等单位的管理，成立了以城管、生态环境、市管等部门组成的联合执法队伍，建立了排污部门联合执法机制。对沿河（湖）餐饮、宾馆、个体工商户未经批准擅自纳管、偷排、未办理排水许可证等行为进行联合执法，并加强市政污水管网私搭乱接溯源执法，对污水未经处理直接排放或不达标排放导致水体黑臭的排水户限期整改，建立了长效的联合执法监督机制。

四是削减合流制溢流污染。资溪县严控以恢复水动力为理由的各类调水冲污行为，防止河湖水通过雨水排放口倒灌进入城市排水系统。资溪县内建筑小区、企事业单位内部和市政雨污水管道混错接改造已全面推进。落实海绵城市建设理念，对城市建成区雨水排放口收水范围内的建筑小区、道路、广场等运用海绵城市理念，综合采用"渗、滞、蓄、净、用、排"方式进行改造建设，从源头解决雨污管道混接问题，减少径流污染。

五是建设污水处理设施。资溪县实施城区污水处理厂提标改造、扩容以及污水管网建设工程。全力推进污水处理设施建设、污水收集管网建设，大力推行雨污分流污水收集管道系统，加大再生水回收利用力度，提高城镇污水再生水利用能力。在此基础上推动城市建成区污水管网全覆盖以及老旧污水管网改造和破损修复，全面推进城中村、老旧城区和城乡结合部的生活污水收集处理，科学实施沿河沿湖截污管道建设，所截生活污水尽可能纳入城市生活污水收集处理系统。截至2020年，资溪县已全面完成城区及高阜、马头山污水管网改造，对于嵩市、高田等重点乡镇污水管网规划并着手实施，扎实推进了污水治理工作。

六是加强污水处理设施运营监管。资溪县对污水处理设施运营情况定期开展监督考核，监督考核结果作为支付政府购买污水处理服务费用的重要依据。对城镇生活污水处理厂进行运营监管，建立完善严格的企业运行管理制度，加强了对城镇污水处理厂数据上报的管理，及时掌握数据动态，发现异常数据立即分析，制定措施，保证污水处理厂正常运营。进一步疏通了污水管网"毛细血管"，比如完善管网疏通清淤等日常制度，建立了相应的巡查日志和档案，确定辖区内管网排查和评估周期，落实管网周期性检测评估制度。

七是强化污水处理厂运行监管。资溪县污水处理行政主管部门建立了将污水处理服务费的核拨与污水处理厂运行管理状况挂钩的机制。生态环境部门对污水处理厂出水情况定期（季）监测，发现出水水质不达标的、存在偷排等违法违规行为的，依法进行处罚；城管部门不定期现场检查，发现存在污水处理设施运行不正常未及时抢修、管理不规范等违反相关规定的行为，由城管部门通报企业、约谈企业负责人。情节严重的，扣减污水处理费。运营单位在污水处理厂进、出水口安装在线监测装置，并与当地生态环境部门联网，实施实时监测，同时污泥运输车辆安装 GPS，杜绝污泥乱倾倒，造成二次污染。

案例1 绿色环保招商解决污染源头

负氧离子浓度高、素有"华夏翡翠、人类绿舟"之称的资溪县牢固树立"尊重自然、顺应自然、保护自然"的理念，依托优越的自然资源编制绿色招商引资指南，建立健全项目评审机制，严把环境污染和生态破坏"关口"。

经济发展与资源保护、短期效益和长远利益有时是两难的选择。为保护生态环境，资溪县以"壮士断腕"的决心，强力调整产业结构，按照关停污染企业、压减耗能企业、升级加工企业的思路，对食用菌产业叫停，限制花岗石产业发展，取缔高耗材木竹粗加工企业，关闭了有污染的造纸厂、水泥厂、农药厂等企业，财政收入每年为此减少上千万元。在招商引资中，以"环保"为准绳，改"招商"为"选商"，积极引进高效益、高附加值、无污染的企业，拒绝有污染的项目。

经过环保招商，资溪县成了人们休闲栖居的好去处，空气中高含量的负氧离子增强了人体的免疫力。青山泛绿意，碧水映蓝天。生态成了资溪县的"绿色名片"。

案例2 规范畜禽养殖呵护"一河清水"

资溪县在全县范围内持续开展"清河行动"大排查大整治，环保、农业、国土、水利等相关职能部门开展联合执法，严厉打击破坏河湖水环境等违法违规行为。

排查中发现高田乡翁源村一家生猪养殖场的废水排放不达标，存在污染周边部分农田及水质现象。经现场调查核实，联合执法组第一时间依法对该养殖场下达了《责令改正违法行为决定书》，并责令限期按规定建设规范化排污口及标识标牌，实现废水稳定达标排放。目前，废水直排问题已整改到位并通过验收。

为深入推进农业面源污染整治，保护一河清水，资溪县制定生猪规模养殖污染防治奖补措施，对全县规模养殖企业环保设施建设、运行及污染排放情况进行整治，使养殖企业畜禽粪污处理利用率达到 100%。严格"三区"划定管理，对位于禁养区内的养殖场（户），全面依法关闭或搬迁。与各乡（镇、场）签订畜禽养殖污染防治责任书，强化责任追究制度。2018 年全县开展畜禽养殖污染环境整治后，全县 64 家养殖场（户）全部整治到位，其中依法关停禁养区内规模养殖户 2 家，搬迁养殖户 1 家。至 2023 年，禁养区未发生复养现象。全县小（2）型以上水库水质稳定，各乡（镇）饮用水水源地水质达标率为 100%，境内泸溪河与芦河（高田河）两处出境断面水质优于以往。

第二节 流域生态综合治污变"痛"为"通"

资溪县开展泸溪河流域水环境综合整治，全面开展大觉溪、草坪河两岸生态环境综合治理和水美乡村幸福河湖建设。深入推进"河长制"，加强河湖执法监管，把"河长＋警长"工作机制落到实处，严厉打击非法采砂和破坏水环境行为，使得地表水水质稳定达标、持续向好；强化污水管网及污水处理设施养护，加强饮用水源地保护，落实治水净水责任，狠抓泸溪河水环境综合治理。目前，泸溪河流域水质保持稳定，县自来水厂取水口（水源）水质达到Ⅱ类标准，县界断面达到Ⅱ类以上水质标准。

一、织牢流域综合管护治理网

一是探索流域综合管理制度。统筹河湖保护管理规划，推进水利、农业、林业、自然资源、交通运输、生态环境等部门与河湖环境有关的规划"多规合一"，对流域开发与保护实行统一规划、统一调度、统一监测、统一监管。资溪县每年开展"清河行动"12 项专项整治行动，每年解决河湖问题 20 个左右，其中严厉打击非法采砂，极大地震慑了破坏水环境的违法犯罪行为。

二是联动推进流域保护机制。资溪县建立流域生态保护补偿制度，建立水环境保护激励与惩罚机制。对全县主要河流出入境断面水质进行每月监测、动态考核，根据水质变化实行补偿，以此推动水资源保护。

二、"水岸联动"共治流域生态环境

一是推进全县水域生态环境专项整治行动。2018年制定出台资溪县水域生态环境专项整治实施方案，按照"安全、生态、景观、富民"的思路，进一步推进资溪县水域生态环境专项整治行动。进行水域生态环境专项整治和"清河行动"12项专项整治，保护好一河清水入鄱阳湖。2018年实施草坪河生态综合治理工程；2019年实施泸阳河城区段、嵩市河高田段、白塔河资溪段生态综合治理工程；2020年实施龙湖水、株溪水、芦河资溪段生态综合治理工程，开工建设九龙湖国家湿地公园。2022年实施了泸阳河山洪沟治理工程、中小河流治理嵩市镇防洪工程。

二是加强水污染监测能力建设。实施重点排污单位监测全覆盖工程，建立了入河排污口台账，实行动态管理，严控增量，强化监督整改，削减存量，加强了入河排污口监控能力建设。严格落实辖区内主要河流断面水质监测，县域内主要河流断面水质达到或优于Ⅲ类水标准。推进了长江经济带水质自动监测站建设，完成点位选择。全县出境断面水质自动监测站建设正在推进，部分监测站已经与省生态环境厅联网，按时间节点实现自动监测数据实时传输发布。

三是整治流域水环境。实施"守山护水、治污除霸"专项整治行动，泸溪河流域水环境综合整治。实施全县流域综合整治提升工程，打造中国南方特色亲水型"流水人家"，重点推进供水工程规范化建设和管理。深入开展水污染防治攻坚，加大对境内流域、国家级自然保护区等重点生态功能区的生态保护与修复力度，开展入河（湖、库）排污专项整治。长江经济带水质自动监测站（里木桥）建成并投入运行。

四是开展入河湖排污口整治。深入推进入河排污口整改提升工作及长江经济带生产建设项目水土保持监督执法专项行动。对入河湖排污口进行统一编码和管理，加强各类排污口排查整治工作，对辖区内未批先建、未验先投及造成水土流失未进行治理的生产建设项目开展全面摸排。同时，定期将国考断面省考断面和入河排污口的信息采集报送。

五是进行水体及其岸线的垃圾治理。资溪县全面划定城市蓝线及河湖管理范围，整治范围内的非正规垃圾堆放点，并对清理出的垃圾进行无害化处理处置，降低雨季污染物冲刷入河量。建立健全垃圾收集（打捞）转运体系，将符合规定的河（湖、库）岸垃圾清理和水面垃圾打捞经费纳入地方财政预算，建立相关工作台账。

图 5-1 资溪青山绿水

三、筑起水源安全防护网

一是整合登记水源地信息。资溪县已完成辖区内 7 处"取水式程（设施）核查登记"工作，同时结合城乡环境整治工作，开展河道环境治理等水源环境管护工作。完成农村百吨千人、千吨万人饮用水源保护区信息采集，小水电站清理整顿"回头看"，完成资溪县水厂取水口（泸溪河）水源地保护区矢量边界信息上报。并根据要求，委托第三方编制了《资溪县第二水厂（九龙湖）饮用水源地达标化建设实施方案》。

二是整治饮用水源地问题。资溪县组织对县级集中式饮用水源地开展专项整治，印发了《资溪县集中式饮用水环境问题专项整治方案》。饮用水源地保护区按要求设置了隔离防护设施，竖立了宣传警示牌、标志牌、界碑以及交通警示牌；完成饮用水源地保护区内菜地清理。对资溪县 30 座小（2）型以上水库进行了水质监测，定期对泸溪河交接断面进行水质监测，建设了县自来水厂（泸溪河）饮用水源地隔离防护网建设总长 523 米。近年来，资溪县投入 300 余万元，对第二水厂饮用水水源地进行清淤及清理枯枝树桩，并循环利用淤泥，保障了县城及周边村庄饮水安全。

三是加强饮用水水环境规范化管理。贯彻落实《资溪县饮用水水源地安全保障达标建设实施方案》，确保全县集中式饮用水水源地水质达标 100%。建立饮用水水源地环境保护巡查制度,每月对县集中式饮用水水源地开展巡查,每季度对县集中式饮用水水源地水质开展监测。2020年,资溪县完成划定了1个万吨以上的饮用水源地(九龙湖)保护区范围,完成了高阜镇、嵩市镇、马头山镇3个乡镇集镇饮用水源地保护区划定。

图5-2 资溪县泸溪河

案例 "治水造景"展现资溪"一溪"美景富乡亲

"治山理水绘蓝图,一溪美景入梦来。"初夏,置身大觉溪,绿水欢歌、花海摇曳、村庄和谐,其乐融融。"篱落疏疏曲径深,溪清竹静有人家。"沿着大觉溪顺流而下,处处都是"小桥流水人家"的景象。错落有致的小楼、宽阔的休闲广场、整洁的农家小院、别致的亭台驿站……宛若明珠点缀于大觉溪间,14个村庄移步皆有景。

如诗如画的美景是资溪县依托国家5A级旅游景区大觉山,以大觉溪为纽带,通过流域治理、环境整治、景观提升等系列组合拳，把分布在大觉溪沿岸的大觉山、排上、沙苑等14个沿线村庄贯穿起来，将生产、生活、生态全面融合打造，使昔日脏乱差的景象难觅踪迹，并成为全省乡村旅游综合示范区。

为打造美丽村庄田园，资溪县坚持乡镇包村、单位包段、项目到人的工作机制，对大觉溪沿线村庄进行违章拆除、庭院提升、道路升级、绿化亮化等全方位打造，以追求"路在林中、屋在园中、人在景中"的生态宜居效果。昔日脏乱差的严陂村小组，如今村容村貌已脱胎换骨，村中不仅建起了2万平方米的面包文化广场，还借助四周山水花鸟的和谐与灵动，精心打造"鸟居驿站"，修缮展示百越文化的村落建筑。同时，按照"治水造景"的理念，把传统水利治理与景观打造相结合，建成4个亲水平台和9个生态景观坝，在保留了水利灌溉功能的同时，方便游客与纯净溪水亲密接触。

第六章 污染防治攻坚守护资溪全域净土

资溪县开展城镇生活垃圾处理、农用地污染防治、建设用地污染防治、危险废物处置专项行动，以保护耕地和饮用水水源地土壤环境、严格控制新增土壤污染和提升土壤环境保护监管能力为重点，有针对性地开展保护和治理。

第一节 "多措并举"健全土壤污染监管机制

一是推行土壤污染防治相关政策。先后发布《资溪县土壤污染防治部门协调小组工作规则》《2018年资溪县土壤污染防治工作方案（2018—2020年)》《资溪县建设用地污染防治、危险废物处置、农用地污染防治等3个专项行动攻坚方案》等方案以加强土壤污染防治工作；成立危害废弃物专项整治领导小组，组织专项排查；开展重点行业企业用地土壤污染状况详查，探索建立建设用地土壤污染风险管控和修复名录，全县垃圾无害化处理率达到100%。

二是开展土壤监管工作。大力开展农村土壤监测工作，城镇生活垃圾处理、农用地污染防治、建设用地污染防治、危险废物处置专项行动，规模化畜禽养殖场和重要农产品产地环境的监测。人居环境整治进一步深入，定期开展问题排查，每半月采取抽查形式，对各村及集镇环境卫生、乱堆乱放情况进行督查检查，并结合县城管局检查发现问题，梳理出问题清单反馈至村组及时整改。

三是定期排查开展污染问题排查。结合江西省农村人居环境验收、江西省公路现场会路域环境整治、江西省"两山"转化金融服务工作现场会等各项重大活动筹备工作，开展全县范围的环境卫生整治，进行环境整治行动。以农村人居环境整治突出问题为切入点，配合执法部门关停并整改传统养殖业。结合新农村建设工作，全面开展"厕所革命"，把"改厕"纳入"七改三网"建设中，建立人居环境"四级管理和垃圾分类"长效管理机制，提升乡村宜居质量。

案例 农村环境整治建设"奇秀美"资溪

环境污染和村庄"脏乱差"是影响农村发展的大问题，资溪县全面进行农村环境整治，除了人居环境治理工作之外，还涉及生态环境和土壤污染防治等方面的工作。不少村落已探索出一系列特色做法，共同打造"奇秀美"资溪，成为资溪县环境整治的缩影。

新月畲族村位于资溪县乌石镇，省道资茶线沿村而过。近年来，该村按照"全域旅游"的标准，抓线扩面、全域整治的思路，统筹推进农村环境整治，开展环境综合整治。在全面开展生活垃圾治理，乱搭乱建、空地植被恢复整治基础上，重点实施了村庄雨污分流、强弱电下地及农户美丽示范庭院建设。

资溪县永胜村位于马头山镇南部，东邻彭坊村西靠柏泉村南与斗垣村交界。村庄有一千余年的历史传承深厚，是临川王安石之孙王楝迁居所建。永胜村在当下乡村旅游发展的大背景下，将走一条由生态旅游和农业旅游相结合的新型旅游方式。永胜村不断健全和完善城乡生活垃圾第三方治理监督管理机制，在实现城乡环卫一体化全覆盖的基础上逐步建立完善农村生活垃圾处理市场化运作、分类化处理、资源化利用、数字化管理、法治化保障的工作机制，注重与生态相结合，打造一个"风景之中，溪台之畔""诗意栖居，悠享生活"的生态旅游村。

资溪县鹤城镇排上村周家自然村，位于大觉溪乡村旅游综合示范区中段，是资溪县"零污染村"建设试点村，大觉溪依村而过，恰似一弯明月。村内干净整洁，移步皆景，吸引不少游客前来观光游玩。近年来，资溪县依托境内国家5A级旅游景区大觉山，将分布在大觉溪沿岸的14个沿线村庄串联起来，通过流域治理、环境整治、景观提升等措施进行整理改造，描绘出一幅田园轻休闲、步道慢生活的秀美乡村画卷。

第二节 "多管齐下"强化土壤污染管控和修复

资溪县推进原精细化工厂污染地块治理与修复项目实施，加强废弃物收集处理，推进生态环境治理体系和治理能力现代化。

一、垃圾分类处理

一是健全农村垃圾治理体系。全面推行农村生活垃圾治理市场化，实现城乡环卫"全域一体化"第三方治理全覆盖。实施城乡一体化垃圾处理，推行"城乡一体、直收直运、日产日清"的城乡环卫一体化处理模式，使农村面源污染得到有效治理，城乡人居环境面貌得到改善。改善垃圾治理设施，已建成县城生活垃圾卫生填埋场、县城一河两岸等一批环境基础设施。

二是抓好农村生活垃圾专项治理工作。全面推行垃圾"户集—村收—县压缩直运"模式，加强集镇管理，对摆摊、店外占道经营和户外乱设广告等脏、乱、差现象进行了集中治理和规范，开展了地毯式环境整治行动。

三是推动垃圾分类试点工作。资溪县探索并基本建成符合农村实际、简便易行可持续的垃圾分类收集、分类运输及分类处理的管理政策和运行体系，垃圾减量化、资源化处理水平显著提升，形成了一套具有推广价值的经验做法。

二、固体废物污染治理

一是全面摸清存量和污染现状。摸清全县固体废物（危险废物、医疗废物、一般工业固体废物、生活垃圾）的产生、贮存、运输、处置等基本情况，鉴别分类，开展点位排查、源头排查、运输排查和处置能力排查，厘清固体废物非法转移产业链条。

二是推进固体污染整治排查。加强土壤污染管控和修复排查，整治固体废物储存场所，引导促进企业进行固体废物综合利用，完成了疑似污染地块排查；并指导企业做好危废管理计划，危废平台备案，废矿物油的收集转移等监管工作。

三是建立固体危险废物污染防治长效机制。查找危险废物非法转移和倾倒方面存在的监管漏洞和薄弱环节，研究制定控制危险废物污染转移的政策和措施；以建设区域性危险废物处置中心为主导，以鼓励特色工业园区建设处置设施为辅助，以强调产生量特别大的特殊企业自行处置为补充，逐步形成危险废物处置三级网络，提高危险废物处置能力，杜绝危险废物非法转移和倾倒现象发生。

案例　受污染耕地安全利用净化土壤环境

图6-1　资溪稻田美景

资溪县积极推进耕地质量类别划分和受污染耕地安全利用工作。为了有效评估耕地土壤质量，聘请中国科学院南京土壤研究所为第三方技术支持单位，委托其开展耕地土壤环境质量类别划分工作。

中国科学院南京土壤研究所按照最新《农用地土壤环境质量类别划分技术指南》等技术导则规范，先后开展了基础数据资料收集，耕地土壤环境质量类别初步划分及内核核实，外业实地踏勘核实，形成初步划分成果，划分成果通过了省里组织的专家评审，并按照评审专家提出的意见进行了修改和补充。通过类别划分，明确了全县耕地优先保护类、安全利用类、严格管控类三类耕地分类面积及其占比，建立全区耕地分类管理清单和图表及数据库。

同时，资溪县聘请江西洁地环境治理生态科技有限公司为第三方技术支持单位，编制了《资溪县受污染耕地安全利用项目实施方案》。根据各地块实际情况及污染程度，水稻种植区域的土壤 pH 小于 5.0 的拟采用"石灰调节 + 叶面阻控 + 水肥"管理等农艺措施，治理面积 110.5 亩，土壤 pH 大于 5.0 的拟采用施土壤重金属"钝化材料 + 叶面阻控 + 水肥"管理措施；种植蔬菜区域拟采用施土壤重金属钝化材料；休耕地拟采用休耕和种植结构调整措施；鱼塘区域主要采用风险管控措施，即对鱼塘内鱼及水体进行采样检测。聘请江西地质矿产勘查开发局九一二实验室开展安全评估工作，对项目区的水稻进行了安全评估采样，共采集样品 21 个，经检测 20 个样品达标，受污染耕地安全利用率 95.2%，超过了省里规定的 93%，圆满完成了受污染耕地安全利用任务。

第三节 "多元共治"预防土壤源头污染

资溪县在预防土壤源头污染上坚持主动出击，多元共治，实现了从"被动防"到"主动治"，"单一管"到"多元治"转变。

一是加强农业面源污染防治。资溪县开展绿色植保、测土配方施肥、畜禽养殖清洁生产等工程建设，大力开展了化肥零增长行动、农药零增长行动、养殖污染防治行动、农田残膜污染治理行动、耕地重金属污染修复行动、秸秆综合利用行动、农业资源保护行动等一系列工作举措，积极推进零污染村建设，推进畜禽养殖废弃物转化利用，全面优化资溪生态环境。

二是推行有机肥使用。围绕国家有机农产品认证示范县创建和"三品一标"品牌建设，资溪县推进测土配方施肥使用专用肥、生物有机肥、病虫测报和统防统治等技术。从源头和过程减少化肥、农药使用量，杜绝使用百草枯、呋喃丹等剧毒、高残留农药。推进化肥、农药减量化以及畜禽养殖废弃物资源化和无害化处理，大力推广无公害植保技术，发展绿色生态高效农业。

三是关闭污染养殖企业。资溪县关停禁养区养殖企业，限制限养区养殖规模，对全县 12 家规模养殖场进行专项监控，倒逼完善环保处理设施；整治企业违规排放，强力推进毛竹加工企业"退城进园""退路进园"。对小养殖场全部实行土地消纳模式，按照肥猪 6 头 / 亩、牛 2 头 / 亩、羊 18 头 / 亩，确定土地承载总量核算规模，实行粪污三级沉淀（沉淀池容积按照可贮存 7 日排放污水量为标准）综合利用。

四是加强绿色生态农业补助。资溪县加大了对有机肥、生物农药和稻渔综合种养的补贴力度，开展低毒生物农药补贴和病虫绿色防控试点，开展规模化养殖粪便有机肥转化补贴试点，制定规模化养殖粪便有机肥转化补贴暂行办法。资溪县已明确制定绿色生态农业补贴标准，农膜回收补贴，对于农田残膜进行回收的给予每亩不超过 9 元的补贴；社会化统防统治补贴，达到要求的，按照每年每亩 10 元的测算标准给予补贴；对大力种植绿肥补贴，按照每年每亩的测算标准给予补贴；对畜禽养殖面污染治理补贴，主要以沼气项目建设进行相应补贴。

案例1 化肥减量增效促使土壤"焕发新机"

为促进资溪县农业生产施肥方式进一步改进，肥料运筹更趋合理，逐步实现主要农产品生产化肥使用量零增长，资溪县制定了《资溪县 2020 年化肥减量增效项目实施方案》。

资溪坚持"增产施肥、经济施肥、环保施肥"，一是通过进一步深入推进测土配方施肥，推广测土配方施肥面积。在巩固基础工作、继续做好粮食作物测土配方施肥的同时，扩大在设施农业及蔬菜、果树、茶叶等经济园艺作物上的应用，基本实现主要农作物测土配方施肥全覆盖。二是推进施肥方式转变，盲目施肥和过量施肥现象得到有效遏制，改变了过去重氮肥，轻磷钾肥的习惯，逐步实现氮、磷、钾和中微量元素等养分结构趋于合理，有机肥资源得到合理利用；充分发挥种粮大户、家庭农场、专业合作社等新型经营主体的示范带头作用，强化技术培训和指导服务，组织推广先进适用技术示范，促进施肥方式转变。三是积极探索有机养分资源利用的有效模式，加大支持力度，鼓励引导农民增施有机肥，购买绿肥种子发放给乡镇村、示范带动全县绿肥种植面积显著提升。探索出新型育肥模式，比如紫云英、肥田萝卜和肥田油菜混播或"养殖＋沼气＋社会化出渣育肥"模式，通过科学施肥，减少不合理化肥施用量。

近年来，农用地膜的应用为节约用水、提高农作物产量带来了革命性突破。

案例2 创新废旧农膜回收再利用模式"减白护绿"

然而，随着地膜覆盖技术的迅速普及，一些废旧农膜未及时回收，成为田间地头的白色污染，对农业绿色发展构成了潜在威胁。

针对此情况，资溪县制定了废弃地膜回收工作实施方案，出台了每亩补贴不超过9元补助政策，采取了"烟农捡拾＋专业队回收＋合作社＋加工企业"创新模式。农民在中耕培土期间将废弃的、残留在土壤当中的烟用地膜、农药瓶袋按照25公斤肥料编织袋2袋／亩，50公斤肥料编织袋按1袋／亩捡收装袋，统一集中运送到合作社指定交售地点，烟农合作社将农民交售的地膜回收装车运送至指定的回收厂家，厂家对废旧农膜进行加工再利用。

资溪县在完成全部的烟田农膜回收工作后，回收农膜全部送到废旧加工企业，用于生产再生塑料颗粒。

专栏 污染防治攻坚"三本账"

1 经济账：立"源"减污赋值绿水青山

绿色招商严把污染"关口"

坚决杜绝高污染、高排放企业进入资溪县，拒绝了诸多可能带来污染却拥有高收益的项目，比如可能带来大气和水污染的180亿元大型火力发电厂项目，10多亿元水钻饰品企业意向合同等。

智慧环保降低巡查成本

利用大数据、视频监控、物联网、无人机等新技术，推动智慧禁放建设，有效降低了人力巡查成本，提升禁放执法能力水平。

绿色补贴改善农业生态

对有机肥、生物农药和稻渔综合种养的补贴力度加强，开展低毒生物农药补贴和病虫绿色防控试点以及规模化养殖粪便有机肥转化补贴试点，制定规模化养殖粪便有机肥转化补贴暂行办法、绿色生态农业补贴标准。

2 生态账：环境治理打造"绿色资溪"

空气质量全省领"鲜"

资溪县生态环境综合评价指数始终位居江西省前列，空气环境空气质量连续多年领跑全省。2022 年，PM2.5 平均浓度 14μg/m³，PM10 平均浓度 29.4μg/m³，县域空气质量全年优良天数比达 96.4%，环境质量综合排名在全省 100 个县（市、区）位居前列。

绿色工业全面达标

全面实施木竹加工企业"退城进园""退路进园"，2 家"散乱污"企业已全部停产，辖区内涉废气排放的企业全部实行工业污染源清单制管理模式，做到达标排放。

污水处理全覆盖

资溪县建制镇污水集中处理设施实现 100% 全覆盖，工业污水基本实现应接尽接。县城建成区无黑臭水体；全县无 V 类及劣 V 类水断面。

水源地水质优良

资溪县 5 个重要江河湖泊水功能区水质的达标率均为 100%，跨界断面水质达标率 100%，水源地一级保护区水质达标率 100%，水源地安全保障率 100%，集中式饮用水源地水质均达 II 类标准。

土壤防控取得新进展

探索建立建设用地土壤污染风险管控和修复名录，全县垃圾无害化处理率达到 100%。

垃圾处置应接尽接

截至 2022 年底，资溪县生活垃圾压缩直运至抚州焚烧发电，生活垃圾有偿服务收费率 100%，无害化处理率 100%，危险废物处置利用率 100%。

3 民生账：污染防治提质人居环境

管网改造提高生活品质

狠抓"三烟三气"，杜绝了污染企业入驻，重要传统燃放时段禁放区域内基本实现了"零燃放""零事故"，露天烧烤污染空气和扰民现象明显减少，县城区餐饮油烟问题得到有效治理。

管网改造提高生活品质

对"一河两岸"沿线生活、工业污水管网进行改造，累计投入 4000 万元对"一河两岸"沿线生活、工业污水管网进行改造，将沿河床铺设的 8 千米生活污水管网、4 千米工业污水管网一次性上岸，沿河床铺设生活污水管网、工业污水管网、雨水倒灌问题得到解决。

垃圾治理"全域一体化"

建立了人居环境"四级管理和垃圾分类"长效管理机制，全面推行农村生活垃圾治理市场化，推行"城乡一体、直收直运、日产日清"的城乡环卫一体化处理模式，实现城乡环卫"全域一体化"第三方治理全覆盖，基本实现镇村环境长效管护无死角。

2020 年 2 月，资溪县入选首批国家生态综合补偿试点县名单，担负起了先行先试的重大责任。作为全国首批 50 个生态补偿试点县之一，资溪县委、县政府始终把这项试点作为"一把手"工程，切实把这项工作抓紧抓实抓牢，坚持生态立县根本，走绿色发展之路，协调推进生态综合补偿和经济绿色高质量发展，生态文明建设取得突出成效。开展国家生态综合补偿试点，是国家对资溪县十多年来坚定不移实施"生态立县"根本战略、矢志不移推动绿色发展，并取得成效的充分肯定。颇具资溪特色的生态综合补偿方案也为其他地区开展生态综合补偿工作提供了"资溪样板"。

第三篇

做好生态综合补偿"绿""利"文章

截至 2022 年底，资溪县林地面积约 168.8 万亩，林地占县域面积的 90%，森林覆盖高达 87.7%，活立木蓄积量 998 万立方米，毛竹立竹量 9600 万株，先后获得国家林业和草原局颁发的"全国绿化模范县""中国特色竹乡""全国森林旅游示范县""国家森林康养示范基地"等殊荣。十多年来历届资溪县委、县政府始终坚定不移地走绿色发展道路、咬定青山不放松，发挥资溪县森林覆盖率高、公益林资源丰富的优势，坚持生态保护与生态效益齐头并重，加快推进森林生态效益多措并举。由县林业局牵头，县财政局、自然资源局、生态环境局、各乡（镇、场）等单位协同合作，健全以公益林为主体的森林生态保护补偿机制。许多农民告别了祖祖辈辈"靠山砍木"的传统生产生活方式，森林生态效益补偿机制由上级补助发展到自主经营、产业带动等多种模式，2021 年 10 月，资溪县入选第五批国家"绿水青山就是金山银山"实践创新基地。

第一节　多机制发力为青山添"绿"

围绕公益林，资溪县采取了一系列措施，建立了多项机制，对生态公益林补偿标准进行了灵活动态调整，采取了多种方式将商品林收益用于反哺公益林，同时推进了多种森林可持续经营模式，促进了绿色经济发展，生态惠民效益大大提高。

一、动态调整生态公益林补偿标准筑牢绿色生态屏障

生态公益林是指生态区位重要、生态状况脆弱，对国土生态安全、生物多样性保护和经济社会可持续发展具有重要作用，以提供公益性、社会性产品或者服务为主要利用目的，并按照国家有关规定和标准划定的防护林和特种用途林。其既有涵养生态功能，又具有巨大经济价值。资溪县为了加大生态公益林的补偿力度，建立了灵活的生态公益林补偿标准动态调整机制。一是结合现行生态公益林补偿标准，对林地所有权人、使用权人及林木所有权人、使用权人给予经济补偿，并调整或逐步提高补偿标准，保障林权权利人和经营业主的合法权益。二是对于已经划定的 34.39 万亩国家

级生态公益林和 20 万亩省级生态公益林,执行国家及省级层面确定的最新补偿标准,制定出台了资溪县关于建立健全森林生态补偿机制的实施方案,并视自身财力状况给予一定的配套补偿,与国家和江西省补偿标准同步提高。同时实施生态公益林补偿资金"一卡通"制度,推行"一户一折一号"发放方式。

二、创新商品林反哺公益林实现"以林养林"

商品林是指以向社会提供木材及林产品为主要经营目的,以追求最大经济效益为目标,满足人类社会的经济需求为主体功能的森林、林地、林木,主要是提供能进入市场的经济产品。为了更好地培育公益林,资溪县将盈利性的商品林与公益林联系在一起,探索建立了商品林反哺公益林新机制,极大程度上缓解了公益林培育资金紧张的难题。一是在林地性质不变、面积不减的前提下,结合已建立的公益林和商品林分类经营管理制度,建立了与森林主体功能相适应、商品林反哺公益林的经营模式和管理方式,进一步拓宽了森林生态保护补偿资金渠道。二是在保持林场生态系统完整性和稳定性的前提下,赋予用材林、经济林等商品林生产经营者更大的生产经营自主权,将停止商业性采伐的天然起源商品林逐步纳入森林生态效益补偿范围。三是编制了公益林经营规划,建立了公益林定期核查机制,支持建立生态林场和乡(镇)、村集体林场,实行林场化管理,逐步缩小公益林经营与商品林经营之间的收益差距。四是鼓励国有林场引入社会资本,实施经营性项目,将国有林场发展产业取得的收入全额返还林场,每年反哺资金在 2000 万元左右,用于对提供生态效益的防护林和特种用途林的森林资源、林木的营造、抚育、保护和管理。

第二节　生态公益林差异化补偿绘绿色画卷

资溪县全县拥有生态公益林 54.39 万亩,占全县林地面积 32.22%,因受财力限制,其生态公益林补偿金为 21 元 / 亩,远低于福建、浙江 40 元 / 亩的补偿标准,制约了生态公益林培育和管护。为了进一步培育生态公益林,结合《资溪县关于建立健全森林生态补偿机制的实施方案》以及 2009 年江西省人民政府发布的《江西省生态公益林管理办法》,规范和加强了生态公益林及其补偿资金的分配及管理,在执行中央财政和省级财政生态公益林补偿标准的基础上,创新实施了生态公益林差异化补偿机制。截至 2022 年底，资溪县年获得公益补偿资金 1150 万元；纳入停止商业性的天然林 41.43 万亩，占全县林地面积的 24.54%，获得天然林停伐补助资金 558 万元。

一、多方主体联动推行生态公益林管护

资溪县遵循政府主导、社会参与、统一规划、分步实施、依法保护、严格管理、分类补偿和分级负责的原则进行生态公益林的建设、保护和管理。并将生态公益林建设纳入国民经济和社会发展规划中，将生态公益林补偿、森林防火、森林病虫害防治等经费纳入同级财政预算。由林业局主管本行政区域内生态公益林管理工作，县发展改革、财政、国土资源、建设、水利、交通、环境保护、旅游等有关部门按照各自职责，做好生态公益林管理相关工作。由林业局建立生态公益林管护责任制，逐级签订责任书，落实管护责任。并同生态公益林经营者签订生态公益林管护合同，明确双方的权利和义务，以此作为获得森林生态效益补偿的依据。生态公益林管护合同的格式由省人民政府林业主管部门统一制定。生态公益林经营者可以根据不同地类、不同区域生态公益林管护的难易程度，按照人均管护面积不少于 3000 亩左右的标准划定管护责任区，落实管护人员，履行管护职责，也可以采取承包管护或者委托管护等方式进行管护。

二、严格实施生态公益林林地管理

资溪县对生态公益林进行了严格的林地管理及生态公益林林地用途管制，采取了一系列措施以稳定生态公益林林地面积。对因占用或者征用所减少的生态公益林林地面积，根据"占一补一"的原则，由县政府在本行政区域内补足。禁止商业性采伐生态公益林。因抚育、更新或者森林火灾等自然灾害因素影响，需要采伐生态公益林中的毛竹或者非天然阔叶林的，依法向林业局审批。采伐生态公益林木必须依法办理林木采伐许可证。在生态公益林区域内进行采种、采脂等经营活动必须体现保护优先原则，不得毁坏生态公益林内的森林、林木。对生态公益林或者生态公益林内的森林旅游、休闲等非木质资源开发利用建设项目，有关部门在审批前须征求相应级别人民政府林业主管部门的意见。在生态公益林区域内进行采种、采脂等经营活动，致使森林、林木受到毁坏的，依法赔偿损失；由林业局责令停止违法行为，补种毁坏株数 1 倍以上 3 倍以下的树木，可处毁坏林木价值 1 倍以上 5 倍以下的罚款；拒不补种树木或者补种不符合国家有关规定的，由林业主管部门代为补种，所需费用由违法者支付。擅自移动或者毁坏生态

公益林保护标志牌的，由林业局责令限期恢复原状；逾期不恢复原状的，由林业局代为恢复，所需费用由违法者承担，并对个人处 200 元以下，单位处 1000 元以下的罚款。

三、严密监督实时更新把控生态公益林变化

由林业主管部门负责生态公益林的监督管理，组织监管人员对本行政区域内生态公益林的管护情况进行检查；并设立生态公益林资源监测点，监测本行政区域内生态公益林资源和生态功能变化情况。县级以上人民政府林业主管部门建立生态公益林资源档案制度，掌握生态公益林资源变化情况。因自然和人为因素影响，造成生态公益林资源变化的，及时进行档案更新。

四、创新机制实现生态公益林保护优质优价补偿

生态公益林实行森林生态效益补偿制度，并按照事权划分的原则，其生态效益补偿资金由各级人民政府共同分担。资溪县人民政府财政、林业和审计部门对森林生态效益补偿资金使用情况进行监督检查，保证资金及时足额拨付。在执行中央财政和省级财政生态公益林补偿标准的基础上，实现了生态公益林优质优价补偿，根据林分质量、生态区位、管护状况等，将全县公益林划分为了重点和一般两类，重点生态公益林按照 26.5 元 / 亩予以补偿，一般生态公益林为 21.5 元 / 亩。实施了自然保护地生态补偿全覆盖，对国家级自然保护区给予 5 元 / 亩的追加补偿；对森林公园、湿地公园、国家级以下自然保护区给予 3 元 / 亩的追加补偿；未在自然保护地范围内的天然阔叶林给予 2 元 / 亩的追加补偿；对按照公益林抚育标准实施的公益林、天然林森林质量提升，经林业部门验收合格，在执行省级补助的基础上，由县级财政按照 30 ～ 50 元 / 亩标准追加补助，达到年抚育面积 2 万亩。

生态公益林差异化生态补偿是一种激励性补偿机制，通过差异化补偿实现优质优价补偿，既能达到针对不同生态效益进行精确补偿的目的，又能利用激励性补偿的手段让林权所有者享有更多的生态保护红利，以此来调动林农管护公益林的积极性，从而实现改善公益林管护情况和林分结构，森林资源总量稳步增长，生态退化状况得以减轻，公益林区域生态脆弱、水土流失和地力衰退状况得到有效控制的目标。同时，生态公益林区景观效果同步优化，也为全县发展生态旅游、将"绿水青山转变为金山银山"奠定了基础。

案例 马头山自然保护区双重补偿助青山披绿

图 7-1 马头山国家级自然保护区森林美景

马头山国家级自然保护区位于资溪县东北部，地处武夷山脉中段西麓，属亚热带常绿阔叶林带交接部，是江西省迄今为止唯一的野生生物类、野生植物类型的国家级自然保护区。始建于 1994 年，2001 年经省政府批准晋升为省级自然保护区，2008年经国务院批准晋升为国家级自然保护区。2014 年该保护区上划至原省林业厅（现省林业局）管理。保护区总面积 13866.53 公顷，其中核心区 4286.08 公顷、占保护区总面积的 30.9%，缓冲区 3438.72 公顷、占 24.8%，实验区 6141.73 公顷、占 44.3%。森林覆盖率达 90% 以上，其中属国家重点保护植物名录（第一批）的有 20 余种。

马头山生态公益型林场纪委书记张昱胜表示每年国家发放的 300 多万元森林生态补偿资金均用于公益林的管护，但每亩 20 多元的补偿经费依旧让开展工作略显吃力。而自 2020 年开始，以公益林为主体的森林生态补偿机制的健全以及生态公益林分级差异化补偿开始实施，逐步实现了生态公益林优质优价补偿。在国家每亩补助 20 元的基础上，资溪县自身平均每亩再补助 5 元，为马头山国家级自然保护区的公益林管护工作带去了更多的补偿资金，公益林生态效益愈来愈高。

第三节 森林赎买实现"森林得绿、林农得利"

由于资溪县近82.06%的林地（约137.6万亩）非国有，且大部分分散在林农手中，资源难以聚集、经营难成规模、保护难于支撑，其林业发展始终无法达到壮龙头、可持续、高质量的要求。为了有效破解这些难题，2018年10月，资溪县被省林业局列为全省首批森林赎买试点之一。其立足于森林科学经营、林业集约化经营、绿色产业结构转型经营和创新森林资源保护新模式，以生态建设为导向，以"生态得保护、林农利益得维护"为目标，坚持生态优先，兼顾效益，逐步将重点生态区位内商品林调整为生态公益林。通过两年多的探索实践，资溪县逐步形成了符合资溪特色的森林赎买新机制、新理念，截至2022年12月，已完成非国有商品林森林赎买23.15万亩。

一、森林赎买有益

（一）开辟生态价值实现新路径

通过在全县范围开展重要生态区非国有商品林赎买试点工作，多方发力、打造平台，收储重点生态区位商品林，并实体化、市场化、多元化开展森林经营，打通"两山"转换通道，激活森林资源价值，探索出了一条生态保护水平有提升、林农合法权益受保障、林业经济加快发展的生态产品价值实现新路径，实现了高水平的靠山吃山，让林业资源变资产、资产变资本，变成助推县域经济发展的不竭动力，森林赎买工作目标由"保护生态为主"提升为"坚持生态优先，带动林业产业高质量发展"。

（二）助推乡村振兴发展与精准扶贫

通过实施森林赎买，推进了森林生态可持续发展，助力了生态文明建设，用森林赎买打造特色鲜明的森林旅游精品线路，助力全域旅游发展，推动了乡村振兴。并带动了贫困户参与森林赎买的生产、经营、护林等工作，提高了贫困户收入，助推打好脱贫攻坚战，促进了"生态美"与"百姓富"的良性循环。

（三）构建生态保护新模式

克服了小片、分散、"天生天养"的弊端，加强了全县森林的经营管理。对赎买后的森林实施科学管理、高质量森林经营带动了其他经营主体投入森林抚育、低产低效林改造的积极性，增强了全县林农保护优先、生态恢复的保护意识，有益于树立

"山水林田湖草"生命共同体的理念。森林赎买经营采取公司化运作模式，组建专职护林队伍进行森林巡护，有效解决了盗伐滥伐、违法破坏野生动植物行为，森林资源保护将更加专业、正规。对发生灾害森林进行赎买，由赎买经营主体对赎买灾害林进行专业治理，有效解决了林权经营者不愿除治有害生物、不愿补植补造等森林资源保护难题，打造了人与自然和谐共生的新格局，森林生态安全更趋完善，达到了构建良好森林生态环境的目标。

（四）促进经济社会绿色发展

随着森林赎买的实施，全县森林资源总量得到稳步增长，森林质量明显提升，森林生态、经济价值得到进一步提高，林业资源优势和林业综合效应得到了进一步发挥，森林药材、森林食品等林下经济得到了进一步发展，林业经济增长方式得以转变，林业产业结构得以优化，林业综合效益得以提升。同时，通过集中赎买、集中管理、集中经营，不仅有力促进了林业集约化、规模化经营，还有效带动了全县生态旅游和生态竹产业等生态产业的发展，为全县进一步走上"生产发展、生活富裕、生态良好的文明发展道路"奠定了坚实的基础，积极推进了资溪县"生态立县·产业强县·科技引领·绿色发展"战略。

二、森林赎买有招

（一）成立工作小组，推进目标实现

成立了森林赎买工作领导小组，制定了《资溪县森林赎买实施方案》。以森林赎买为抓手，着力破解森林资源利用与生态保护的矛盾，维护林农合法权益，健全森林保护与管理制度，建立了多元化生态保护补偿机制，使资溪县林种结构、布局更加合理，森林生态功能更加完美，真正让"金山银山"投入"绿水青山"，"绿水青山"变成"金山银山"，推进森林生态可持续发展，实现"机制活、产业优、百姓富、生态美"的总目标。

（二）打造服务平台，激发森林活力

2019年11月，资溪县委托中国科学院生态环境研究中心开展生态产品价值核算，并以此为基础，编制了《资溪县国家生态综合补偿试点实施方案》，旨在以森林资源为根本，运用市场化理念，成立了资溪县两山林业产业发展有限公司作为森林赎买运作主体，通过"一中心、五部门"的体系架构，对赎买的森林资源进行造林抚育、集

约经营、综合开发，形成优质高效的资源资产包。

（三）探索三种模式，实现规模经营

按照区位优先、起源优先、树种优先、龄组优先、林权优先、报名顺序优先、毛竹林优先赎买的原则，立足林农自愿，主要采用赎买、租赁、置换等模式，进行林木资源的集中流转、集中经营，解决林权分散、开发低效、经营困难等问题。一是直接赎买。在对重点生态区位内非国有的商品林进行调查评估的前提下，对资溪县行政区划内非国有的商品林（含人工商品和天然商品林）在林权所有人自愿的前提下，通过公开竞价或充分协商后进行赎买。赎买按双方约定的价格一次性将林木所有权、经营权和林地使用权收归国有，林地所有权仍归村集体所有。二是租赁赎买。政府通过租赁的形式取得商品林地和林木的使用权，并给予林权所有人适当租金。在租赁期间林地所有权不变，林木所有权、经营权归县政府。三是置换赎买。将重点生态区位内的商品林与重点生态区位外现有零星分散生态公益林进行等面积置换，解决部分生态公益林不在重点生态区位和不集中连片的问题。除此之外，根据实际情况，同时探索入股、合作经营等其他改革方式。

（四）打通三个渠道，破解资金难题

用足了林业政策，着力解决赎买资金难题，走以林养林的可持续道路。一是政策补助"输血"。由省财政下拨了森林赎买补助资金1600万元、省林业局收储担保金500万元。同时，充分利用造林、毛竹低改、森林抚育、封山育林等上级林业专项补助资金，整合集中投入森林赎买。二是社会资金"献血"。林业企业、经营户等多方社会资本参与森林资源收储中心建设，通过注入社会资金不断夯实收储中心资金筹备，达到森林赎买资金良性循环。三是经营盈利"造血"。从2019—2035年（16年），其中抚育劳务、施肥、采伐劳务、护林员工资、管护费等生产经营总费用约3.26亿元。据测算，每年每亩毛竹林可生产冬笋50斤、春笋100斤、毛竹0.75吨，5万亩16年直接销售总收入约5.1亿元。同时，毛竹林还可享受公路补助3900万元，毛竹林低改补助3750万元，林区公路补助150万元。

（五）突出五个特点，彰显资溪特色

一是范围更广。资溪县森林赎买不仅仅限于重点生态区域非国有商品林进行赎买，而是针对行政区划内所有的非国有商品林都可进行赎买。二是种类更全。资溪县不只仅考虑对人工商品林、针叶林进行赎买，还包含一些天然林针叶林、天然阔叶林、毛竹林等具有一定经营价值的林木种类进行赎买。除倾向于赎买近成熟林和成熟林，还赎买残次林、中幼林、荒山等各种林分的森林。三是规模更大。从目前来看，资溪县的赎买规模是江西其他 3 个试点县的总和。四是带动更强。通过实施森林赎买深化全县集体林权制度改革，带动全县森林经营向规模化、集约化、产业化转型发展。五是目标更高。其他地区赎买的主要目的是为了保护生态，维护林农的合法利益，而资溪县赎买除上述目的外，还具有提高森林质量，做强做大产业，促进林农增收等目的，从而真正做到生态产品价值的实现，达到绿水青山变成金山银山的效果。

三、森林赎买有效

（一）生态品牌稳步提升

一是通过实施赎买森林综合治理，促进赎买森林生态系统健康，提高生物多样性；二是对生态功能脆弱区实施森林赎买，实施赎买森林生态修复，逐步恢复脆弱区域生态环境；三是对重点水源地实施森林赎买，通过实施补植水土涵养树种，提高重点水源地蓄养水分保持水土的能力。三年来，全县森林覆盖率提高约 0.4 个百分点，活立木蓄积增加约 108 万立方米，生态环境越来越优越，先后被评为国家生态文明建设示范县、全国森林旅游示范县、国家森林康养基地、国家全域旅游示范区、国家生态综合补偿试点县、国家"绿水青山就是金山银山"实践创新基地等。

（二）各方主体共同得利

一是林农得实惠。全县毛竹林流转价格由每亩每年 12 元提高到 40 多元，杉松木林流转价格由 1500 元提高 2000 余元，荒山流转价格 10 元提高到 20 元。二是平台得发展。赎买森林由两山林业产业发展有限公司进行集约化、规模化、专业化经营管理，截至 2022 年底，资溪县两山林业产业发展有限公司完成人工集约造林 2.6 万亩、改造低产低效林 4 万亩、毛竹林抚育 3.5 万亩、培育苗木 390 余万株，主营收入近 1.0178 亿元，净利润达到 1677 万元。三是银行得效益。开展林权、收益权质押贷款，农业银行授信 9800 万元用于非国有商品林赎买贷款。探索生态产品未来收益权质押贷款，县农商银行发放全省首例公益林收益权贷款，通过代偿收储担保机制，落地贷款 1200 万元，抵押林地面积 8005.9 亩。建设银行简化贷款程序，开通"林农快贷"，方便快捷帮助林农办理林权贷款。截至 2023 年 8 月，林权贷款余额 9.67 亿元。

（三）县域发展迈开新步

一是竹科技产业初具规模。发挥 54 万亩毛竹资源优势，实施毛竹林低产低效林改造 20 万亩，毛竹资源培育由"量"向"质"转变。建设全省首个竹科技产业园，初步形成以国内知名企业大庄竹业公司为龙头的高性能户外竹板材产业链条。二是全域旅游业态丰富。推进森林景观塑造，实施森林"绿化、美化、彩化、珍贵化"建设、乡村森林公园建设、森林通道建设，打造以大觉山景区为龙头，"大觉溪""真相乡村"和 316 国道沿线、马头山省道沿线 4 条精品旅游线路为脉络和 N 个重点景区为支撑的"1+4+N"的全域旅游发展格局初步形成，获得的"国家森林旅游示范县"称号；2019 年，成功举办"江西首届森林旅游节"主场会，全县接待游客 460 多万人次。三是乡村振兴基础更实。通过实施森林赎买示范加快推进全县森林经营，带动 1 万余农户参与森林抚育、低产林改造、木竹采伐等森林经营活动，2000 余农户在木竹加工企业就业，300 余车辆从事毛竹运输，聘请 150 名贫困户担任生态护林员，护林员年工资达到 1 万元。

案例 非国有商品林赎买试点实现"绿""利"双收

为深入贯彻习近平新时代中国特色社会主义思想和党的十九大精神，打造美丽中国"江西样板"，健全森林保护与管理制度，资溪县委、县政府在 2019 年开展了重要生态区非国有商品林赎买试点工作。赎买项目区位于资溪县鹤城镇、高阜镇、乌石镇、嵩市镇、高田乡、马头山镇等 6 个乡镇和株溪林场。项目主要对资溪县内 6 个乡镇和株溪林场分布在高速公路、铁路、国省道等通道和生态廊道两侧、清凉山国家森林公园、马头山国家自然保护区、九龙湖国家湿地公园、大觉山等重要风景名胜区周围以及重点乡村风景林等重点生态区位非国有商品林进行赎买。项目总规模计划赎买重点生态区位非国有商品林 5.6 万亩，主要赎买杉、毛竹为主的商品林，其中赎买以杉木林为主的商品林 41000 亩，赎买毛竹林 15000 亩。

多方主体联合开展赎买事宜

为顺利推进非国有商品林赎买试点工作开展，资溪县政府制定了《资溪县 2019 年度重点生态区位商品林赎买实施方案》，给赎买项目开展提供法规依据。

赎买项目具体步骤为：一是成立了"重点生态区位商品林政府赎买试点"领导

小组。领导小组由一名县领导挂帅，成员由财政局、自然资源局、生态环境局、林业局、农业农村局等主要政府职能部门组成。二是开展了摸底和宣传，拟定山场赎买期限。资溪县人民政府组织各乡（镇）人民政府开展赎买区的群众情况初步摸底，在赎买项目开展前，在全县范围内开展森林赎买工作目的、意义、政策、做法宣传，提高公众对生态文明建设重要性的认识。三是申请。由有意向参与赎买的林权所有者向所在乡（镇）林业工作站提出申请，并提交有关林权证、所有者或持证人身份证明文件和相关协议合同。其中：村集体所有的商品林林木权属的出让，应当经集体经济组织成员的村民三分之二以上成员或村民代表会议三分之二以上村民的同意，报经乡（镇）人民政府批准后进行评估；个人和私营的商品林林木权属的出让，经林权所有者同意后，按林木资产评估价格转让或双方达成协议价格转让。四是初审与评估定价。森林赎买领导小组办公室根据林权所有者提供的申请资料进行初审，并进行实地勘察，对商品林权属、资源状况、区位情况是否符合赎买条件，提出初审意见，确定出让方式。初审同意后，由森林赎买领导小组办公室委托有资质的森林资源资产评估机构进行评估。根据评估报告，拟定参考价格，该参考价格报经县人民政府审定批准后，再确定为商品林赎买指导价格。五是签订赎买合同。由赎买公司与林权所有者协商商品林赎买价格。赎买价格不能高于政府批准的赎买指导价格。购买价格确定后，签订商品林赎买合同。六是进行权证变更和林木、林地拨交。签订合同后，自然资源局不动产登记管理部门及时协助江西大觉山旅游投资集团有限公司办理权证变更手续。最后进行资金支付。商品林权属经不动产登记中心变更后，赎买公司在10个工作日内支付赎买资金。对这片森林，江西省林业局每年拨付400万元专项补助用于森林赎买，资溪县已连续三年获得补助资金。同时，资溪县政府配套2600万元资金作为启动资金，中国农业银行资溪县支行发放项目贷款9800万元，支持非国有商品森林赎买工作。赎买公司则在三方支持下，对上述森林进行赎买，并从森林经营管理中收益，形成以林养林的可持续道路。

项目开展取得良好成效

截至2022年12月，已完成森林赎买23.15万亩。赎买项目符合乡村振兴发展战略，符合江西省森林资源转让相关要求，改善了农村生产和生活条件，发展了农村经济，促进了"三农"问题的解决。通过项目实施为建立多元化生态保护补偿机制进行了探索，增加了林农收入，促使资溪县林种结构、布局更加合理，森林功能更加完美，破解了重要生态区商品林利用与生态保护的矛盾，同时维护了林农合法权益，促进了林区社会和谐稳定。

汲取经验为后续工作奠基

林业是一项重要的公益事业和基础产业，承担着生态建设和林产品供给的双重任务。林业的公益性决定了其生态产品价值实现过程中必须有政府公共服务的参与。政府公共服务质量决定金融机构助推林业生态产品价值实现中金融服务质量的水平。资溪县政府的制度设计、组织领导和财政支持大幅降低了农业银行资溪县支行参与商品林赎买项目中的风险管理成本，客观上提升了农业银行资溪县支行对商品林赎买项目的支持规模，降低了赎买项目的融资成本，从而减轻了大觉山旅游投资集团有限公司财务压力，最终促进了生态经济的良性发展。

第八章　流域生态补偿打造"最净溪河"

　　资溪县境内小河山涧遍布，东部河流以泸溪为主，属信江水系，西部河流以欧溪为主，属抚河水系。全县有五级以上河流 20 余条，总长 200 余千米，流域面积在 50 平方千米以上的河流有 17 条，境内总长 300 多千米，有信江源头白塔河，流域面积占全县面积的 60%，有抚河源头芦河，流域面积占全县的 40%。河、湖、库、塘水域总面积约为 9400 亩。多年平均水资源总量为 14.3 亿立方米，水能理论蕴藏量约 6 万千瓦，可开发利用的约 4 万千瓦。为了保护流域生态环境，资溪县大力开展了入河（湖、库）排污专项整治，采取了一系列流域生态补偿措施，提升了流域生态保护积极性。为进一步完善以河湖为重点的水环境生态保护补偿机制，资溪县结合县域小河山涧遍布和湿地分布广泛的特点，引导民间力量和社会资本参与河湖管护，推动建立了河湖水环境生态保护补偿机制，并探索建立了饮用水水源地保护激励机制和流域上下游横向生态保护补偿机制。截至 2022 年底，资溪县 5 个重要江河湖泊水功能区水质的达标率均为 100%，跨界断面水质率 100%，水源地一级保护区水质达标率 100%，水源地安全保障率 100%，集中式饮用水源地水质均达 Ⅱ 类标准，流域生态效益显著，为资溪县打造"最净溪河"奠定了坚实基础。

第一节　河权改革促"河畅、水清、岸绿、景美"

　　为深入推进河长制、湖长制，切实破解山区河道点多面广的管理难题，探索河湖管护新机制，积极鼓励、引导民间力量和社会资本参与河湖管理和治理，遏制一系列破坏河道生态环境行为，达到改善、保护河湖水域生态环境和建设美丽岸线目的，实现"河畅、水清、岸绿、景美"目标，资溪县结合自身实际，根据已制定的河权改革工作方案，深入推进河权改革。县水利局成立了工作领导小组并设立工作专班，专人负责，制定印发了《资溪县实施河权改革工作方案》。

一、"三管齐下"提升河道治理水平

（一）三权分置设立新权创新河权管理

根据《中华人民共和国物权法》《中华人民共和国河道管理条例》《江西省河道管理条例》，以实施"河权改革"为抓手，资溪县对全县范围内除县城规划区以外的所有河道（河段），探索了河道所有权、管理权、使用权"三权分置"，并设立了新的用益物权（河道经营权）。通过河权水权改革，把《取水许可和水资源费征收管理条例》中的所称的取水，归为水资源使用权，之外的利用水和河道及岸线，归为河道经营权（不涉及取水取砂）。将河道管理权和使用权下放至各乡（镇、场）或村一级，使乡镇或村一级具备水行政执法权限并按照适用范围逐步将使用权落实到户；将河道（或水域、河段）经营权承包给个人或经济组织，因地制宜，利用水域、岸线及滩地发展旅游、娱乐、民宿、康养等生态产业项目，发掘河道的生态经济价值功能，明确河道经营权人的权利和保洁管护义务，最终逐步实现全县农村河道"河权到户"，基本建立"以河养河"的长效管护机制。并在基本完成水资源使用权、河道经营权和河砂开采权确权登记发证工作的基础上，实施引入市场竞争机制。落实河道经营权分段承包到户，经营权承包者在各自承包河段所经营项目范围内获取经营收益，共同承担河道保洁和管护责任，减少政府对河道保洁和管护资金投入。河道经营权人按照河道经营权证（或承包合同）上载明的用途范围内使用河道或水域开展经营活动，期满后，在同等条件下，原经营者可优先续约，不再继续经营的，其在河道管理范围内修建的设施须自行拆除，或自行作价卖给下一期经营者。

（二）多部门联合落实河权改革

资溪县成立了县河权改革工作领导小组，并由分管副县长担任组长，县水利局主要负责同志担任副组长，对河权改革工作统一领导、协调调度。县水利局牵头负责组织和指导全县河权改革工作实施及河道经营权确权发证，出台扶持措施，争取上级流域生态综合治理资金奖补，落实专项补助，加大硬件设施建设。各乡（镇、场）负责具体实施河权改革工作，将取得水域和岸线、滩地使用权的个人或经济组织负责人聘任为民间河长，加强河道巡查执法。县投资公司配合将所取得的河道经营权出让、转移等交易。县司法局负责河权改革推进的程序及内容的合法性指导。县纪委监委负责打击河权改革推进过程中出现的违纪行为。县公安局负责打击河权改革推进过程中出现的黑恶势力，阻碍、破坏河权改革推进的违法行为。并将河权改革工作纳入各乡（镇、场）年终考核的重要内容，县纪委监委对河权改革工作进行全程监督，保障河权改革在"阳光"下实施。

二、增收创效河权改革功不可没

截至 2022 年 12 月，河道经营权按照使用用途转让河长 38.4 千米，每年收益 60 万元，每年减少巡查保洁费用支出 30.6 万元。旅游发展的河长 19.8 千米（其中大觉溪 6.5 千米、草坪河 9 千米由国有企业经营，九龙湖 4.3 千米由民营企业经营），每年收益 50 万元，每年减少巡查保洁费用支出 21 万元。绿色养殖发展的河长 14.5 千米，每年村集体收益 5 万元，每年减少巡查保洁费用支出 8.64 万元。统筹山水田，发展生态种养项目河长 4.1 千米，每年收益 5 万元，减少巡查保洁费用支出 0.96 万元。为更大地实现水生态产品价值转化，通过河权水权改革创新，使大觉山 5A 旅游景区具备充分的经营权、使用权，利于自主发展，每年直接利用水资源及天然河道产生收益在 3000 万以上，大觉溪及真相乡村两处 4A 级景区每年产生利润 600 万元。

案例 白塔河实施河权改革共护一江碧水

白塔河为信江最大支河，主河长 145 千米，集水面积 2838 平方千米。发源于福建光泽县白云山西坡，流经资溪县，主河过水岩进入余江县境，至锦江镇汇入信江，干流过锦江镇后进入冲积平原圩区，于貊皮岭分为东西两支，东支东大河与万年河会合会同饶河入鄱阳湖，西支西大河于瑞洪入鄱阳湖。资溪县在 2019 年决定以境内白塔河作为"河权改革"先行试点河流。通过与白塔河沿线村民签订承包合同，落实白塔河经营权分段承包到户，划定白塔河河道管理范围和保护范围，由经营权承包者共同承担管护责任，达到了"以河养河"的目的，减少了政府对河道保洁和管护资金投入。

划定管护范围 排查河道经营活动

根据《中华人民共和国水法》《江西省河道管理条例》《江西省水利工程》等法律法规，资溪县划定了白塔河河道管理范围及保护范围。有堤防的管理范围为

图 8-1　白塔河

岸边堤防之间的水域、沙洲、滩地、行洪区以及岸边堤防和护堤地，其中高阜河堤管理范围宽度为内堤脚线（险段自压浸台脚起算）往陆域延伸 20 米；无库区无堤防的管理范围为历史最高行洪水位线或设计洪水位往陆域水平延伸 5（洪水不漫顶的）～ 20 米（洪水漫顶的）的水域、沙洲、滩地和行洪区。有库区河岸的管理范围为库区设计洪水位与岸边的交线之间的水域、沙洲、滩地和行洪区。高阜河堤的保护范围为管理范围线往内陆域延伸 100 米范围。由鹤城镇、高阜镇等白塔河流经的乡（镇、场）对正在使用白塔河河道水域从事养殖、捕捞等经营活动进行全面排查，摸清白塔河资溪县河段现有使用河道开展经营活动的个人或经济组织是否具备河道水域使用权来源依据及使用期限、权限等。对未取得使用权或取得使用权但超出使用权期限、权限而使用河道水域开展经营活动的行为进行清理，依法取缔；对未超出权限、期限使用河道水域开展经营活动的，进一步明确使用权权限、期限，落实河道保洁和管护责任。

多方主体商定承包事宜　落实河权到户

按照"不向河道摄取资源，可重叠水产养殖、旅游相关项目开发利用等多种不冲突的经营性项目"的总体思路以及"政府主导、民主决策、公开透明、共赢共享"的原则，由各乡（镇、场）组织辖区内行政村实施需要公开竞争的项目，并适时引入市场竞争机制，落实白塔河经营权分段承包到户。召开乡（镇、场）党政联席会议和村级村民代表、两委会议，确定使用期限、范围、出让费用，按照"使用权出让公告—报名登记—意向人员公示—竞标，确定中标人—中标人公示—签订协议"的操作流程，先易后难逐步推进。期限可为 3～5 年不等，承包费用底价不得低于 5000 元／年，可归村集体所有，用于公益性支出。使用河道水域及岸线、滩地从事旅游相关项目开发的，承包费用和河道经营权权限、期限、范围、承包费用遵照招商引资项目立项文件或招商引资合同约定，承包费用归各乡（镇、场）所有。项目投资人按照旅游开发项目审批流程取得合法审批手续后进行项目建设。项目建成后，明确使用权权限及期限，落实河道保洁和管护责任。经营项目可享受招商引资优惠政策，对于需要进行美丽岸线建设的项目，项目建成后，由水利局争取上级流域生态综合治理建设奖补资金，给予项目补助。使用期限、权限按照项目立项文件或招商引资合同规定。相同河段可发展多种不冲突的经营项目的，河道经营权按使用用途分属不同经营主体时，须进一步明确经营各方的河道保洁和管护责任。再由县政府将白塔河河道水域及岸线、滩地的管理权和使用权授予各乡（镇、场），并建立监督考核等有效制度，相关部门加强对承包经营者的监督考核，切实建立"以河养河"的长效管护机制。

通过实施河权到户改革与河湖管理范围划定，经营权承包者在各自承包河段经营项目范围内获取经营收益，规范经营的同时共同承担着河道保洁和管护责任，提升了白塔河的河湖管理水平。

第二节　多方位保护共绘"绿富美"画卷

为响应生态补偿号召和助力"最美溪河"工程，资溪县建立了多方位保护机制。从管护方面入手，建立了河湖水环境生态保护补偿机制，根据各地管护情况进行补偿；从源头入手，健全了饮用水水源地保护激励机制，激励水源保护，探索了水权交易补偿模式；从横向保护补偿入手，建立了乡（镇、场）及流域上下游生态保护补偿机制，多方主体联动共绘"绿富美"画卷。

一、建立河湖水环境生态保护补偿机制助力"河清水净"

一是根据已制定的资溪县河湖管理范围划定工作方案，落实了江西省流域生态补偿办法，以河湖管理和保护范围划定为基础，科学确定补偿标准、方法、途径和考核评估细则。二是统筹省市下达的流域生态补偿资金，完善了以水环境质量为基础的生态补偿机制，重点实施水源地源头保护补偿，加大了对信江、抚河源头地区和重要水源涵养区的补偿力度。三是以境内主要河湖监测断面水质为依据，并将断面水质达标状况和管控措施落实情况纳入年度目标管理考核，明确了生态补偿与污染赔付方式及部门和乡镇的职责管理。充分考虑乡镇财政特点，对断面水质考核超标和优于考核的乡镇分别进行资金扣缴和奖励，并逐步增加扣缴考核断面，提高扣缴标准，保障河流出境断面水质稳定在Ⅱ类标准，为下游提供优良水质。四是以自然湿地和生态区位重要的人工湿地为重点，探索开展了湿地生态保护补偿试点，统筹了中央财政、江西省及抚州市湿地保护补助资金，加强了湿地生态系统的保护与修复。

二、健全饮用水水源地保护激励机制保障"秀水长清"

一是制定了饮用水源保护工作考核激励相关方法，设立了饮用水水源保护激励资金，并基于上游饮用水源保护成本投入和生态效益科学确定补偿标准，对饮用水水源保护地所在的乡镇给予奖励，以确保全县集中式饮用水水源地、水源地一级保护区水质达标率持续保持在100%。二是实施了水土保持补偿费政策，加强了水源涵养林建设与保护，依托大觉山国家级水利风景区，探索开展了水利风景区生态补偿试点。并借鉴国际水基金信托经验，探索在饮用水水源地保护中引入公益信托模式，有关收入用于周边农户补偿，使村民共享水源保护的成果。三是积极探索了水权交易转让，启动了以白塔河为试点的水权交易补偿模式，合理确定区域取用水总量和权益，对用水总量超过区域总量控制指标或河湖水量分配指标的乡镇，原则上要通过水权交易解决新增用水需求。

三、建立横向生态保护补偿机制"共护碧水"

一是建立了乡(镇、场)横向生态补偿机制。将白塔河、芦河、龙湖水等重要河湖全部纳入管控范围,对各乡(镇、场)水量水效管控目标、生态环境保护等进行考核,将考核结果与对乡(镇、场)转移支付挂钩,明确生态补偿与污染赔付方式及部门和乡镇的职责管理。将各乡(镇、场)水污染、水量水效、秸秆焚烧、乡村环境整治考核结果纳入县乡结算奖补,对考核结果"差"的乡(镇、场)扣减转移支付并奖励给考核结果"优"的乡(镇、场),进一步激励了乡镇加强对所辖地区的生态环境保护力度。二是落实了《江西省流域生态补偿办法》《江西省流域生态补偿水环境质量考核办法》《抚州市水资源生态补偿实施办法》,稳步推进了与信江、抚河流域地区的横向生态保护补偿,建立了上下游联防联控、成本共担、效益共享的流域生态保护补偿长效机制。以资溪县人民政府等流域上下游各人民政府为流域横向生态保护补偿的责任主体,在自主协商的基础上签订补偿协议。按照"谁污染、谁治理、谁保护、谁受益"的原则,实行按月考核、按年补偿的办法,交接断面水质达到协议目标要求的,由下游主体补偿上游主体;交接断面水质未达到协议目标要求的,由上游主体补偿下游主体。补偿因子以水质为主、兼顾水量,补偿方式为货币补偿。并由流域上下游主体协同有关部门共同实施环境监测,建立完善了统一标准、联合执法、定期会商的环境联防共治体系。

案例1 水源地补偿保障源头活水来

资溪县作为抚河、信江的源头,流域面积大于10平方千米的河流、支流有36条,流域面积5～10平方千米的有30条,合计流域面积大于5平方千米的溪流、河流共66条,总长450千米。较大的河流有泸溪河、许坊(欧溪)河及乌石(桐埠)河,其中泸溪河长61千米,流域面积810平方千米;许坊河长32.5千米,流域面积345平方千米;乌石河长32.5千米,流域面积83平方千米。结合小河溪流众多的特点,为从源头把控水质,由县水利局牵头,实施总投资16500万元的水源地源头保护补偿项目,以更好地维护下游生态安全和上百万人的饮水安全,也是维护鄱阳湖生态环境安全和长江"一江清水东流"的源头保障。

为了保障河流出境断面水质稳定在Ⅱ类标准,为下游提供优良水质,资溪县加大水源地源头保护力度。其一，每年需投入 5000 万元进行水污染防治，包括垃圾分类及处理、农村污水收集集中处理、水库山塘退养、畜禽养殖污染防治、农业面源污染防治等多个方面；其二，加强九龙湖国家级湿地公园保护，规划保护面积 367.14 公顷，每年需投入保护费用（含饮用水源地保护）预计 500 万元，进行湖库清淤、蓝藻防治、水生生物多样性修复、枯枝树叶等垃圾清理、水土流失治理、周边山林修复提高水源涵养。

案例2　上下游联手共卫"一湖清水入长江"

资溪县立足于作为抚河、信江的重要源头区，在用足用好中央、省市下达的流域生态补偿资金的同时，探索推进与信江、抚河流域上下游补偿机制，通过签订跨境横向补偿协议，确定补偿标准和办法，引导补偿资金重点向生态修复、生态移民、生态公益林建设等方面倾斜，持续提升水源涵养功能，不断提高"一湖清水入长江"的源头保障水平，确保现状水质持续稳定，并力争有新的改善，成为长江中下游支流源头生态环境保护的示范。由生态环境局牵头，计划用三年进行总投资 8000 万元的抚河信江流域上下游横向补偿项目。围绕共同保护抚河信江流域，通过实施流域上下游的合理补偿，该项目重点实施以下内容：资溪县与上下游地区共同出资设立抚河信江流域横向补偿资金，加强合作、协力治污、绿色发展，共同维护抚河信江流域的生态环境安全。以上一年位于两县交界处的考核断面水质监测数据为依据，以断面Ⅱ类水质为考核目标，根据水质监测数据和评价结果，开展生态补偿资金的相互结算。按"月核算、年缴清"的形式落实流域横向生态保护补偿。

资溪县大力推动上下游横向生态补偿机制建设，扩大流域横向生态补偿范围，基本建立了全流域上下统一、齐抓共管水生态环境保护和修复的制度体系。一是依据《江西省建立省内流域上下游横向生态保护补偿机制实施方案》要求，资溪县与南城县共同建立了流域上下游横向生态保护补偿机制。其中，资溪县和南城县人民政府为相关流域上下游横向生态保护补偿的责任主体，并且签订了政府间的协议，负责县与县之间流域生态环境保护治理和生态补偿机制与配套政策设计工作的组织实施。以流域重点断面水质为主要评定依据，并按照"谁超标、谁赔付、谁保护、谁受益"的原则，上下游之间进行横向补偿，每年补偿资金为500万元。二是秉承"生态优先、优势互补、团结协作、共建共享"的原则，资溪县与贵溪市、铅山县、黎川县、光泽县共同建立武夷山脉西北麓生态联盟。通过五县（市）生态联盟，将生态环境修复、特色产业发展、乡村振兴及群众福祉提升紧密结合起来，进一步畅通生态产品价值实现多元化路径，提升区域生态环境质量，筑牢武夷山脉西北麓生态屏障，推动赣闽两地五县（市）生态产业合作、生态保护补偿等工作再上新台阶。

第九章　耕地生态补偿筑牢"优质粮仓"

自古以来，耕地资源就是人类生存和发展的首要资源，其不仅有保障国家粮食安全、满足民众基本生活需求等社会经济服务功能，还提供了调节气候、净化空气、涵养水源等多种生态服务功能。资溪县土地总面积 187.7 万亩，耕地面积 8.2 万亩，约占总面积的 4.4%。为了保障粮食安全和耕地生态安全，资溪县实施了一系列耕地生态补偿措施，以提高耕地保护的积极性和主动性。

第一节　"按方施肥"提升耕地地力

为了引导农民加强农业生态资源保护，自觉提升耕地地力保护，资溪县创新方式方法，以绿色生态为导向，进一步完善了耕地地力保护补贴政策，将耕地地力保护补贴与耕地地力保护挂钩，提高了补贴政策的指向性、精准性和实效性。同时落实了国家及省市耕地质量数量保护与提升等支持政策，将符合条件的 25° 以上非基本农田坡耕地、重要水源地 15° ～ 25° 非基本农田坡耕地纳入新一轮退耕还林补助范围。并探索设立了资溪县耕地保护基金，将土壤污染防治和秸秆禁烧等与耕地保护基金发放挂钩，制定了耕地保护基金使用管理办法，进一步保障了耕地地力保护补贴落实到位。

一、凸显三个原则完善补贴体系

以提高粮食综合生产能力为总体目标，以实施藏粮于地战略为工作主线，以提高耕地地力为基本要求，保护和提升耕地地力和质量。并在结构、实施和管理上贯彻三个原则。其一，保持稳定，优化结构。在保持农业补贴政策的稳定性和连续性的基础上，优化补贴结构，突出政策效能，调动农民保护耕地的积极性。其二，县级实施，确保落实。按照统一补贴标准和耕地地力补贴面积，及时将耕地地力保护补贴资金发放到户。其三，强化管理，严格监管。严格执行补贴资金专户管理制度，规范补贴资金拨付程序，强化补贴面积和资金公示制度，实行补贴兑付"一卡通"，确保补贴资金及时足额到户。

二、补贴对象自觉承担责任落实耕地保护

补贴对象原则上为所有拥有耕地承包权的农户。村集体所有耕地，补贴资金直接发放到村集体。享受补贴的农户，对耕地保护负责，提升自己的农业生态资源保护意识，积极主动推广种植绿肥、秸秆还田、畜禽粪肥还田、增施有机肥，推进科学施肥用药、病虫害统防统治和绿色防控、耕地轮作等措施，保护和提升耕地地力和质量。享受补贴的村集体，重点发展粮食生产，有条件的要积极推进双季稻种植。严格执行耕地保护的要求，执行财务管理规定，严禁挪作他用。补贴依据为确权登记颁证到户的耕地面积，对暂未颁证到户的，可以视二轮承包耕地面积，村集体耕地按确权面积或自然资源部门认定面积予以核定。对已作为畜牧养殖场使用的耕地、林地、成片粮田转为设施农业用地、非农业征（占）用耕地等已改变用途的耕地，以及占补平衡中"补"的面积和质量达不到耕种条件的耕地等，不予补贴。实行抛荒地与耕地地力保护补贴资金相挂钩的原则，对弃耕抛荒超过两年（含两年）的耕地，暂停该承包户抛荒耕地地力保护补贴发放，待复耕后重新纳入补贴范围。经核算，2022年资溪县各乡（镇、场）合计补贴耕地面积为71246.83亩，以每亩112元的补贴标准合计补贴资金约797.96万元。

三、村、镇、县协同推进补贴工作

一是核实补贴面积。按照"村组登记、两榜公示、乡镇初核、县级确认"的程序，对农户补贴耕地面积进行核实。先由村组按照补贴面积界定，对农户耕地地力补贴面积（确权面积或二轮承包面积）进行逐户登记，经农户签字确认、张榜公示等程序后，将登记到户的耕地面积上报乡镇。村集体耕地由村组登记，经村小组长和村委会主任签字确认，必须同农户耕地面积一并张榜公示后上报乡镇。对已作为畜牧养殖场使用的耕地、林地、成片粮田转为设施农业用地、非农业征（占）用耕地等已改变用途的耕地，以及弃耕抛荒超过两年（含两年）的耕地、占补平衡中"补"的面积和质量达不到耕种条件的耕地等，在登记时要进行核减。后由乡镇初核。乡（镇、场）组织对村级上报的农户和耕地面积情况进行核实，核实无误后，汇总上报县农业农村局。再由县级确认。县农业农村局牵头组织对乡镇上报的补贴耕地面积情况进行核查，同时，对村集体耕地进行核查，最终确认全县享受补贴的耕地总面积。二是上报

补贴面积。由各乡（镇、场）上报补贴面积，由县农业农村局汇总。三是拨付补贴资金。县财政局会同县农业农村局根据各乡（镇、场）申报的补贴面积，核算分配补贴资金。由县财政局将补贴资金通过"一卡通"拨付到农户，并进行张榜公布，同时，将补贴资金发放情况在县政府或县财政、农业农村等部门政务网站上进行公示。

第二节　多措并举助力沃土固田

耕地可以产出粮食，是人类第一线的食物来源，其除了具有提供粮食、蔬菜等农产品的生产功能外，还具有很多生态服务功能，比如净化环境、涵养水源、防止水土流失、保护生物多样性等。在充分认识耕地生态价值的基础上，资溪县采取了多项措施助力沃土固田，进一步优化了耕地生态环境，也为粮食安全提供了多重保障。

一、"以奖代补"间接推进"有机护土"

为了保护土壤，资溪县财政每年安排有机农业发展基金 500 万元，采取"以奖代补"的办法，积极鼓励、支持农产品争创品牌。对县辖区内的农产品首次获得有机农产品认证证书的给予 3 万元奖励，对有机认证续展的给予每年 1.5 万元奖励；对首次获得中国驰名商标的给予 30 万元奖励，首次被评为江西名牌产品的给予 6 万元奖励。同时对参加省级以上展销会的企业补助 50% 摊位费，以全面推进有机农产品品牌创建和有机食品认证、绿色食品认证。

"以奖代补"极大提高了资溪县农民、农企发展有机农业的积极性。通过创建有机农产品品牌获得奖励，再将奖励反哺于有机农产耕作培育，使用科学可持续的耕作方式，资溪县有效实现了有机"养土""沃土"。

二、合理分配补贴资金助力耕地不撂荒

一是利用中央和省市下达的各类涉农资金，完善了农业补贴实施管理制度，加快建立了以绿色生态为导向、促进农业资源合理利用与生态环境保护的农业补贴政策体系和激励约束机制。二是对承担耕地保护任务的农村集体经济组织和农户给予补偿，重点推进绿色有机肥替代化肥、生物防治等农业生态修复治理。制定出台了《资溪县农业支持保护补贴资金管理办法》，重点对承担耕地保护任务的农村集体经济组织和

农户给予奖补,加强了大中型植保机械购置、重大病虫统防统治、低毒生物农药使用的补贴力度,奖补资金主要用于农田基础设施后期管护与修缮、地力培育、耕地保护管理等推进绿色有机肥替代化肥、生物防治等农业生态修复治理,做到耕地不撂荒、地力不降低。

三、开展多种农业生态补偿项目

一是构建以"高产、优质、经济、环保"为导向的现代科学施肥技术体系,实现化肥施用总量进一步减少,主要农作物测土配方施肥技术覆盖率稳定在90%以上、水稻化肥利用率达到42.5%以上。二是全面停用高毒高残留农药,推广使用生物防治和物理防治病虫害,推广安装太阳能杀虫灯和生物诱捕器,按照500元/亩的标准,补贴约0.75亿元。三是推广6万亩蔬菜、茶叶、瓜果等地膜覆盖及大棚种植,减少水土流失,按照150元/亩的标准,补贴约0.09亿元。四是开展6000亩污染耕地的防治,按照1000元/亩的标准,补贴约0.06亿元,确保到2022年受污染耕地得到全面治理。五是推广6万亩使用微灌、喷灌、滴灌技术,充分节约水资源。按照1000元/亩的标准,补贴约0.6亿元。

第十章　矿产资源生态补偿 实现"金山矿山"两手抓

资溪县矿产资源丰富，共发现各类矿产 21 种，查明有资源储量的矿 9 种，其中已列入省储量表的为 3 种。金属矿藏主要有铁、铜、钨、铝、锌、铀、稀土等，非金属矿藏主要有石墨、萤石、钾长石、云母、瓷土、石灰石、花岗岩等。目前，资溪县境内现有有效持证矿山 3 个（包括矿泉水矿 2 个、地热矿 1 个），另有持证关闭矿山 12 个，均为饰面用花岗石矿山（其中 9 个矿山位于鹤城镇泉坑村、3 个矿山位于高阜镇水东村），截至 2018 年，均已关闭。资溪县围绕适度开发矿产资源，采取了一系列矿产资源开发生态补偿措施，推动建立矿产资源开发生态补偿机制，提高了矿山环境治理恢复的积极性和主动性。

一、编制矿产保护方案

以马头山镇、鹤城镇、高田乡、高阜林场等建筑用石料及饰面用花岗岩开采区为重点，督促矿山企业落实矿山环境治理恢复责任，编制了矿山地质环境保护方案，按规定足额提取矿山生态环境修复治理基金，并公开保护方案的执行情况、基金提取的使用情况。

二、多方式推进环境治理

利用中央和江西省下达的矿山地质环境治理恢复资金和矿产资源节约与综合利用奖励资金，采取了废弃矿地复垦、再开发改造、绿化造林等方式，推进了历史遗留矿山和老矿山地质环境治理恢复，并优先安排了泉坑饰面用花岗岩集中开采矿区治理工程以及闭坑矿山的生态环境综合治理。

三、探索矿企退出补偿机制

对行政区域内禁止或限制矿产资源勘查开采范围的矿业权进行了全面调查摸底和分类梳理，对实施矿业权有序退出的矿山企业进行了适当补偿，再依据矿业权出资性质、勘查程度、开采现状、资源储量和矿区与生态功能区重叠的面积、距离为标准，通过核算前期投入成本、已探明的储量价值、企业资产评估、污染指标程度确定补偿金额，并发放就业补贴，对失业人员进行补偿。

专栏 生态综合补偿"三本账"

1 经济账：激活林间经济与河域经济

森林赎买实现多方获利

森林赎买政策实施后，全县毛竹林流转价格由每亩每年 12 元提高到 40 多元，杉松木林流转价格由 1500 元提高 2000 余元，荒山流转价格 10 元提高到 20 元。2021 年，资溪县两山林业产业发展有限公司通过森林赎买获得主营收入近 2300 万元，净利润达到 600 万元。县农业银行授信 9800 万元用于非国有商品林赎买贷款，县农商银行发放全省首例公益林收益权贷款，落地贷款 1360 万元，化解不良林权抵押贷款 5 笔共 833.86 万元。

河权改革实现增收创效

通过实施河权改革，大觉山 5A 级景区充分利用河道经营权、水资源使用权，实现每年漂流收入在 3000 万元以上。截至 2022 年 12 月，资溪县用于旅游发展的河长 19.8 千米，用于绿色养殖发展的河长 14.5 千米，每年总收益可达 50 万元，并能够减少巡宣保洁费用支出 29.64 万元。

2 生态账：绿水青山焕发新貌

森林赎买厚植绿色底蕴

通过实施森林赎买政策，截至 2021 年底，全县森林覆盖率提高约 0.4 个百分点，活立木蓄积增加约 108 万立方米。截至 2022 年底，完成了非国有商品林森林赎买 23.15 万亩，生态环境越来越优越。同时，资溪县围绕公益林开展了多项森林生态补偿措施，截至 2022 年底，资溪县纳入停止商业性的天然林 41.43 万亩，占全县林地面积的 24.54%，实现生态公益林年抚育面积 1 万亩。

流域补偿机制护卫一池清水

资溪县探索建立了河湖水环境生态保护补偿机制、饮用水水源地保护激励机制、横向生态保护补偿机制等，保障了河流出境断面水质稳定在 II 类标准，确保全县集中式饮用水水源地、水源地一级保护区水质达标率持续保持在100%。

矿产资源开发补偿复还大山原貌

资溪县通过推动建立矿产资源开发生态补偿机制，编制矿产保护方案，探索矿企退出补偿机制，大力助推了矿山环境治理恢复。目前，资溪县境内现有有效持证矿山3个，另有持证关闭矿山12个。

3 民生账：让百姓享受更多生态红利

森林赎买带动就业增收

截至2022年底，鹤城镇配合林业部门实行林地赎买工作，完成了排上村、沙苑村、泸声村、长兴村、下长兴村集体林地及个人林地赎买15000余亩。其中，排上村通过森林赎买，将残次林变成了茶园，增加了5万多元的村集体收入，带动了附近60多个劳动力就业。

河权改革打开创业窗口

河权改革工作的开展，落实了经营权分段承包到户，为资溪县村民在家门口创业提供了渠道和便利。截至2022年12月，通过发展河域绿色养殖，资溪县每年村集体收益达5000元以上。

耕地补偿筑牢优质粮仓

资溪县通过实施耕地地力补贴，设立耕地保护基金，开展多项农业生态补偿项目，大力保障了资溪县粮食安全和耕地生态安全。其中，2022年资溪县各乡（镇、场）合计补贴耕地面积达7.12万亩，以每亩112元的补贴标准合计补贴资金797.96万元。

在当前互联网飞速发展的背景下，利用网络信息技术建设生态资源平台是更好地践行"两山"理念的必经之路，是健全生态产品价值实现机制的关键路径，是贯彻落实习近平生态文明思想的重要举措，是推动"绿水青山就是金山银山"理念的动力源泉，对推动经济社会发展全面绿色转型具有重要意义。生态资源平台建设，不仅有利于深入贯彻国家坚持可持续发展战略，同时有利于推进乡镇生态文明建设，为建设国家卫生乡镇提供宝贵经验与积极的探索道路，还有利于号召广大人民群众积极投身其中，为打造绿色和谐宜居的人居环境贡献自身力量。

　　生态资源平台主要有以下几个优点：一是平台可以作为资源集聚，数据汇聚的载体，积极推动生态资源大数据中心的建设能够将各类生态资源数据化、可视化、信息化，夯实数据基础，完成生态资源价值实现的第一步；二是能够将生态资源集中化，从而提升生态资源的价值并且使各类生态资源的交易更加便捷、迅速；三是能够促进生态资源流动，推动各平台之间数据共享共建，推动全县、全市乃至全省的生态资源汇聚，从而更好推进江西省生态文明试验区的建设。

第四篇

生态资源平台为"两山"转化架起"云梯"

第十一章

"两山"转化中心为绿水青山"筑舞台"

随着"绿水青山就是金山银山"的创新实践不断推进,全国各地市陆续开展了"两山"转化实践。2020年8月,资溪县在全省率先创建"两山"转化中心,这是国家生态文明试验区江西省的首个"两山"转化中心,其入选了2020年江西省生态文明建设十件大事。

"两山"转化中心是一个综合性质的平台,是深化并践行"两山"理论的关键基础,是建设"绿水青山就是金山银山"实践基地的重要一步,是聚集各类生态资源的重要载体,也是各类生态资源交易的重要场所,它并非一个具体的市场主体,而是指借鉴商业银行"存""贷"特征,以"绿水青山就是金山银山"理论("两山"理论)为基本出发点和行动指南,依托可持续的生态资源优势,通过资源整合、资产交易、资本赋能和市场化运作,发挥资源收储、金融服务和生态资产运营等功能,构建"资源—资产—资本—资金"转化机制的综合性平台,是政府引导、各相关市场主体共同参与的、兼具市场性和公益性的综合服务平台。"两山"转化中心按照资源统一整合、资产统一营运、资本统一融通的原则,设立生态资源收储平台,建立自然资源产权和生态产品交易试点,推动山林、土地、流域、农房等碎片化资源整合,打造成为优质资产包,经第三方评估后向银行融资或吸引社会资本投资,实现生态资源向资产、资本的高水平转化,加速实现"绿水青山"到"金山银山"的转变,"两山"转化中心既成为了资溪县绿水青山转化为金山银山的"助推器",也成为了开启乡村振兴新局面的"金钥匙"。

第一节 推进平台建设打破生态交易"牢笼"

一、"四中心一平台"铺设绿水青山转化之路

资溪县"两山"转化中心下设有"四中心一平台",分别是价值评估中心、资源收储中心、资产运营中心、金融服务中心和资产交易平台。

价值评估中心负责聘请和协助专业的第三方评估机构对需要流转的目标自然资

源进行资产价格评估,确定参考价格;资源收储中心负责对区县相关自然资源通过收购、租赁、托管等多种方式进行流转和收储;资产运营中心负责对收储集中整治后的资源打包,进行市场化交易,通过公开竞争的方式选择合适的潜在开发运营商负责持续运营,实现资产的增值和资源的开发;资产运营中心负责培育国有、集体、私营以及公私合营经济市场主体,丰富生态经济组织形式,推动全县生态领域企业资源共享、抱团发展;金融服务中心负责建立健全"两山"转化金融服务体制机制,制定绿色金融改革远景规划及行动计划,统计分析生态产业投融资状况,推动生态资源所有权、经营权抵质押融资创新,打通生态产业融资渠道,并通过金融资本杠杆作用来撬动社会资本;资产交易平台负责推动自然资源所有权、使用权与经营权分离,完成生态资源产权认证,为生态资产交易提供保障。

"两山"转化中心内部主要还设置有专家委员会、大数据中心、研发中心、风险防控中心等部门。其中,专家委员会对战略发展、总体模式、运作流程、产品创新、规则制定等提供宏观指导和技术把控;大数据中心通过遥感、区块链等技术对资源

图 11-1 资溪县"两山"转化中心——竹林收储

进行精准测量，建立自然资源账本，进行动态管理；研发中心主要负责产业产品的设计和论证，具体操作流程和交易规则的制定；风险防控中心负责对自然资源评估、收储、整治、交易和运营等全过程可能存在的风险进行识别、防范和动态监控。

二、"三坚持九结合"筑起"两山"转化"理论基石"

资溪县"两山"转化中心坚持"三个背景结合""三个主体结合"与"三个方法结合"的构建原则。"三个背景结合"是指要坚持将国家的政策导向、国内外先进经验和资溪县地方需求特征相结合，具体包括结合当地产业基础、生态优势和可持续发展的诉求，贯彻落实十九大报告提出的乡村振兴战略、区域均衡发展战略，精准扶贫

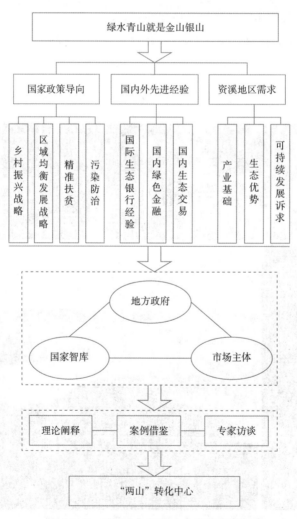

图 11-2　"两山"转化中心方案及路径

和污染防治等重大部署，学习借鉴国内外关于"两山"转化、绿色金融等先进经验。"三个主体结合"是指要坚持地方政府、国家智库和市场主体的结合，通过发挥各级地方政府的主导运作、国务院参事室、国家智库的智力支持和促进金融机构、产业运营商等市场主体的积极参与，形成多元主体合作、风险分担、利益共享、优势互补、长期合作的关系。"三个方法结合"是指要坚持理论阐释、专家访谈和案例借鉴等方法的结合，通过基于广泛文献的理论分析，对国内外相关案例进行深度分析和借鉴，并邀请国内相关领域第一流的专家进行多轮座谈把关，从而保证"两山"转化创新模式的科学构建和有效落地。

第二节　创新平台模式破解生态交易"桎梏"

"两山"转化中心通过资源整合、资产合规、资本赋能和市场化运作，构建独特的"资源—资产—资本—资金"转化机制，为打通"两山"转换通道提供解决方案。通过借鉴商业银行分散化输入和集中式输出的模式，搭建围绕自然资源进行管理整合、转换提升、市场化交易和可持续运营的平台，从而对碎片化生态资源进行集中化收储和规模化整治。

"两山"转化中心在具体操作模式上也具有一定的特点。由资溪县政府和企业合资设立操作平台，依托平台建立生态资源大数据库，对全域生态资源进行全面调查，绘制生态资源图谱，有针对性地制定生态资源抚育、开发和经营方案。针对山、水、农、林、湖、茶等分散化的生态资源，在确权登记基础上，结合"所有权、资格权、使用权"和"所有权、使用权、经营权"三权分置改革，开展生态资源所有、经营权抵质押融资创新，打通生态资本融资渠道；通过转让、租赁、托管等方式将资源的资格权、经营权和使用权集中化流转到"两山"转化中心，对分散式生态资源进行规模化收储、整合、修复、优化，形成多元化投融资格局，为生态产品价值实现提供金融解决方案；发展现代农业、乡村旅游、健康养生、文化创意、生物技术等新产业新业态，引入市场化资金和专业运营商，由专业运营商负责专项集合资源的整体运营，从而形成规模化、专业化、产业化的运营机制，为农户增加资本性收入和经营收入，打造将资源转化为资产继而转化为资本的可持续发展路径。

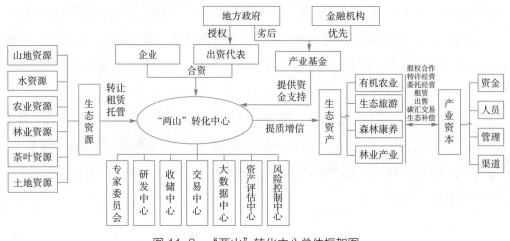

图 11-3 "两山"转化中心总体框架图

第三节 细化平台流程牢抓资源流转"枢纽"

"两山"转化中心交易流程主要由两个环节组成,即前端交易环节——生态资源转换成生态资产;后端交易环节——生态资产与产业资本的对接,如图 11-4 所示。

生态资源转换成生态资产的具体交易过程如下:首先"两山"转化中心对全县域范围内位于广大农村地区的农民和农场等机构手上的碎片化的山、水、农、林、湖、茶和集体建设用地等生态资源,在政府确权登记和三权分置改革基础上,结合大数据和区块链技术,按照事先制定的遴选标准和产业要求进行筛选。

其次对符合要求的生态资源,由政府主导委托第三方评估机构进行资源价值量化评估。以评估价格为参考,根据不同生态资源的属性特征采取不同的流转方式,例如

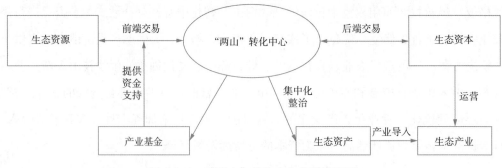

图 11-4 "两山"转化中心交易流程图

林权采用公有产权为主,集体建设用地以转让和转包为主,山地资源、水资源和湖泊资源等以转让或长期租赁为主,农业资源和茶叶资源以转让或作价入股为主,在充分尊重林农意愿,遵循"自愿、有偿"原则,做到"公开、公正、公平"的前提下,将目标生态资源的使用权和经营权统一流转到"两山"转化中心。

生态资本转化成产业资本的具体实现过程如下:首先由"两山"转化中心对吸收的资源进行集约经营、综合开发,形成优质高效的资源资产包,按照区域打包、行业打包和产业导入等方式,进行综合整治和提质增信,从而转换成集中连片优质的规模化生态资产包。比如将同一个区域内的山水农林湖地等资源打包成一个旅游资产包,以便进行旅游开发;或者将一个区域(比如一个县)内的全部或部分茶叶资源做成一个产业资产包,由一家专业的茶叶开发商负责融资和统一开发,发挥规模优势和品牌优势。然后通过项目收益、抵押贷款、资本运作等方式转化为资金,增强造血功能,实现青山变"银行"、林农变"储户"、资源变"资金"。

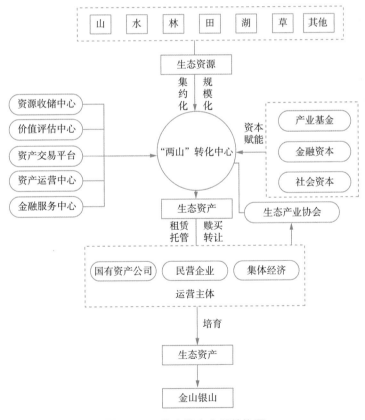

图 11-5 生态资产交易结构图

第十二章　"资源平台"让金山银山"绽光芒"

2021年2月19日，中央全面深化改革委员会第十八次会议审议通过了《关于建立健全生态产品价值实现机制的意见》（以下简称《意见》），《意见》中提到，建立健全生态产品价值实现机制的主要目标是到2025年，生态产品价值实现的制度框架初步形成，比较科学的生态产品价值核算体系初步建立，生态保护补偿和生态环境损害赔偿政策制度逐步完善，生态产品价值实现的政府考核评估机制初步形成，生态产品"难度量、难抵押、难交易、难变现"等问题得到有效解决，保护生态环境的利益导向机制基本形成，生态优势转化为经济优势的能力明显增强。到2035年，完善的生态产品价值实现机制全面建立，具有中国特色的生态文明建设新模式全面形成，广泛形成绿色生产生活方式，为基本实现美丽中国建设目标提供有力支撑。

资溪县在生态平台建设方面先行先试，推进打造了一批功能齐全、制度完善的生态平台，健全了生态产品价值实现机制。在生态产品调查监测方面，资溪县打造了生态资源调查平台，入驻了林权调查中心，对生态资源的分布展开了详细调查，并且创新自然资源资产产权制度，建立统一的确权登记系统和权责明确的产权体系，清晰界定各类自然资源资产的产权主体。在生态产品价值评估方面，资溪县建立了生态产品价值核算评估平台，成立了江西首家生态资源价值评估中心，建立生态产品价值核算标准。在生态资源交易方面，资溪县创立了资源收储平台，采用多种交易方式将生态资源收储于一个平台，制定资溪县生态资产和生态产品目录清单，建立资溪县生态产品数据库；建立了生态产品价值核算结果应用机制。在生态产品经营开发方面，资溪县建立生态资产交易平台，探索建立生态资产交易机制。编制生态产品资产负债表，建立空间分区制度，构建市场化的服务制度。在生态产品价值实现方面，建立了生态产品价值实现平台，从林业、农业、旅游业等多个方面共同完成生态产品价值实现。这些平台推进了"绿水青山"到"金山银山"的转变，为中国践行"两山"理论提供了"资溪样板"。

第一节 搭建价值核算平台破解资源"难度量"

一、推动资源确权登记厘清资源布局总量

（一）为产品价值实现夯实基础

资溪县以"两山"转化中心为基础，建立了生态价值核算平台，入驻了林业资源调查（监测）中心，负责对生态资源进行收储前期的尽职调查、价值评估等。并且厘清了各类自然资源之间、各类产权主体之间的产权边界，开展了自然资源统一确权登记工作，同时建立了生态产品价值核算评估机制，根据生态系统生产总值核算技术规范，结合资溪县统计、土地利用、气候、经济社会数据，分别对资溪县物质供给品价值、调节服务产品价值、文化服务产品价值进行核算。全面掌握重要自然资源的数量、质量、分布、权属、保护和开发利用状况。按照"先实物后价值、先存量后流量、先分类后综合"的思路，在持续开展自然资源实物量资产负债表编制的基础上，探索编制资溪县自然资源价值量资产负债表，全面摸清自然资源资产"家底"及其变动情况。

摸清资源"家底"是自然资源得到最佳合理利用的第一步，有利于进一步深化产权制度改革，进一步确保自然资源静态产权归属的明晰化，促进自然资源流转的高效化和合法化，进而为提升后期自然资源交易的透明度和可预期性以及自然资源合理的交易秩序、流转秩序和监管秩序奠定坚实的基础，为推动生态产品价值实现提供科学依据。

（二）对生态资源总量进行全面普查

资溪县根据中央及江西省统一部署，采用国家统一开发的自然资源确权登记信息系统，利用生态资源价值核算平台，采取分年度、分阶段推进方式，对森林、河湖、耕地、矿产资源等自然资源和生态空间进行确权登记，完成第三次国土资源调查和第七次森林资源二类调查，开展水资源、矿产资源调查，编制自然资源资产负债表，重点摸清土地、林木、水资源和矿产等自然资源资产"家底"。经统计，在 2022 年底全县林地面积约 168.8 万亩，活立木蓄积量约 998 万立方米，毛竹总株数近 1 亿株，水域总面积约为 9400 亩。

（三）对生态资源权属进行确权登记

资溪县为了进一步推进自然资源普查，开展自然资源统一确权登记，按照"到

企""到户"的原则，完成9.3万亩土地承包经营权、14条主要河流河道经营权和1.8万户农村房地一体确权登记发证，将山、水、林、田、茶等相关信息数据化，建立生态权益资源库，集成"资溪县生态资源可视化系统"。实现资源资产的存量、质量、价值、负债及流向变化情况的随机提取、数据共享，夯实"绿水青山"有序交易的基础。

二、建立科学评估体系核算生态资产总值

（一）建立价值核算评估体系

资溪县为了精准核算生态资源价值总量，在"两山"转化价值评估中心的基础框架下，不断完善价值核算评估体系。编制了生态资产和生态产品目录清单，制定资溪县生态产品机制核算指标体系、标准和规范，解决了生态补偿规则制定的科学性、补偿测算的精准性、补偿经费收缴的有效性三大难题，推动了生态资源转变成量化的生产要素，纳入经济核算体系。同时，完成试点乡镇、试点村的生态产品价值核算，形成县、乡、村三级的生态系统生产总值（GEP）核算体系。探索开展以"精细数据""精确报告""精算平台"为抓手的GEP精算方案，科学、精准地呈现资溪县生态产品所蕴含的经济价值，实现GEP核算的空间化、精细化、定量化。经核算，资溪县

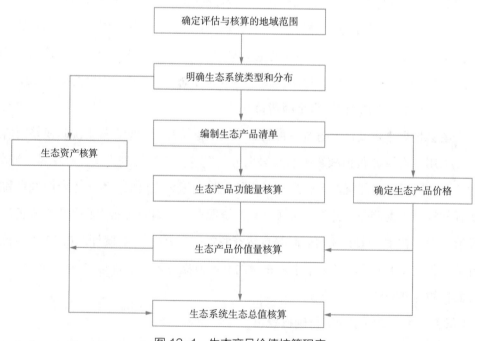

图 12-1　生态产品价值核算程序

2020 年、2021 年 GEP 分别为 366.30 亿元和 478.76 亿元。为动态监测资溪县生态产品功能量及价值量变化，根据资溪 GEP 核算结果，对 2020 年、2021 年生态产品核算结果进行对比分析，资溪县生态产品生产总值稳步增长，生态系统保护工作成效显著。

（二）选择价值核算评估指标

在进行生态产品价值评估时，建立科学合理的评估指标体系至关重要。因此资溪县在价值核算评估体系制定完成后，又建立了生态产品价值核算评估机制，建立了一套价值核算评估指标体系，选择了 4 个一级指标，11 个二级指标，25 个三级指标对生态价值进行评估。在 2020 年 6 月前选择 1 个镇（乡）开展生态产品价值核算，在 2020 年 8 月底完成了全县生态产品价值核算，并为抚州市完成生态产品价值核算提供经验和借鉴。

表 12-1 生态系统服务主要评估指标体系及方法

一级指标	二级指标	三级指标	功能价值评估方法
供给服务	食物生产	农作物量产（粮食）	InVEST 模块作物模型（如 ORYZA2000、Hybrid-Maize、CERES-Wheat）、价值量核算方法
	原材料生产	林业原材料生产	InVEST 模型木材量产模块
		草地牧草产量（牲畜）	线性或非线性逐步回归分析法
		水草产量（水产品）	InVEST 模块作物模型（如 ORYZA2000、Hybrid-Maize、CERES-Wheat）
	水资源供给	产水量	Invest 模型产水量模块
调节服务	气体调节	固碳量	CASA 模型（陆地植被固碳）或 VGPM 模型（水生植被固碳）
		释氧量	净初级生产力
	气候调节	实际蒸散量	水量平衡法
		温度	克里金插值法
		干扰调节	当量因子法
	净化环境	大气净化	替代成本法、当量因子法
		水质净化	替代成本法、当量因子法
		噪音消减	总价值分离法、当量因子法
		提供负离子	价值量核算法、当量因子法

（续）

一级指标	二级指标	三级指标	功能价值评估方法
调节服务	水文调节	水源涵养	水库建设成本替代法
		水流动调节	水文时变增益模型（TVGM）、替代工程法
		洪水调蓄	水库洪水调蓄功能评价模型、替代工程法
支持服务	土壤保持	土壤保持量	土壤流失方程（USLE）
	维持养分循环	N、P等元素与养分的储存循环	当量因子法
	生物多样性	森林地上生物量	InVEST生境质量模型、遥感提取或生物量转换因子法
		绿地、湿地景观覆盖率	NDVI法
		物种丰富度	野外观测或查阅法
文化服务	美学景观	世界遗产	区域旅行费用法
		物种丰富度	区域旅行费用法
		生态系统多样性	区域旅行费用法

（三）建立核算结果应用机制

资溪县建立生态产品价值核算结果目标考核制度，将生态产品价值总量及其变化，生态产品价值实现率等纳入乡（镇）目标考核统计指标体系，推进生态产品价值核算结果在政府决策和绩效考核评价中的应用。探索建立生态产品价值核算结果的市场应用机制，将核算结果作为市场交易、市场融资、生态补偿等重要依据，结合生态产品实物量和价值核算结果采取必要的补偿措施，确保生态产品保值增值，在全县范围内建立生态产品价值定期核算与发布制度，每两年核算一次生态产品价值量，掌握资溪县及乡（镇）生态产品价值、供给状况及动态变化趋势，实时评估各地生态保护成效和生态产品价值。

● 案例　生态资源价值评估中心：迈出生态资源评估"第一步" ●

资溪县生态资源价值评估中心是与中国环境科学研究院生态研究所、江西省质量和标准化研究院合作建立的江西省首家生态资源价值评估中心，于2020年3月8日在资溪县正式挂牌成立。

资溪县生态资源价值评估中心为摸清生态"家底"提供强有效地保障，通过资源核查、明晰资源产权、精准核算价值将生态资源量化为生态资产，并探索建立了生态资源"既有价值＋生态价值"的评估标准、监督机制和评估程序。资溪县引入中国科学院生态环境研究中心等"外脑"，编制了生态资产和生态产品目录清单，并明确核算指标体系、标准和规范。当前，资溪县已探索了一套生态产品价值衡量标准，作为生态产品经营开发、生态保护补偿、政府考核等的依据。经核算，2021 年资溪生态系统生产总值（GEP）为 478.76 亿元，是当年国内生产总值（GDP）的 9.23 倍。

资溪县生态资源价值评估中心，是资溪县健全"两山"转化中心组织架构，完善"存储绿水青山，取出金山银山"转化模式的重要举措。该中心与资源收储中心、资产运营中心、金融服务中心和资产交易平台共同构建"四中心一平台"，实现"两山"转化中心紧密架构，并将在此基础上建立统一的价值评估标准、监督机制和评估程序，这对于促进生态价值评估的公平、公正和有效，具有重要而深远的意义。该中心的成立也标志着资溪县"两山"转化中心标准化建设取得重要成果。

第二节　打造资源收储平台化解产权"难抵押"

一、资源权属问题旷日弥久

生态资源最为突出的两个问题就是碎片化和权属不清晰，这两个问题在资溪县林业方面尤为突出，资溪县林权制度先后经历了 1950—1952 年的土地改革、1953—1958 年的农业合作化、1959—1962 年的"四固定"（即生产大队对生产队实行固定土地、固定劳力、固定耕地、固定农具）和 1981—1983 年的林业"三定"（即稳定山权林权、划定自留山、确定林业生产责任制）四次重大变革。

随着林业资源在经济社会发展中的地位和作用日益突出，这些根据当时社会生产方式和形式对林权制度进行的一系列调整，在满足现代林业资源利用需要及落实"绿水青山就是金山银山"的习近平生态文明思想的过程中，已凸显出相关问题与困境导致林业生态产品的价值无法得以充分实现，这些问题具体体现在：资溪县部分林地、森林和林木等林业生态要素所有者和使用者权益不够明晰，各生态要素所有权主体代表不到位、所有权权益得不到充分落实，使得生态服务供求双方无法明确界定；各种生态要素产权主体的权利、义务与责任无法协调统一，难以形成有效的激励机制，大大降低了市场主体主动提供生态服务的积极性，既不利于社会资本的投入和交易成本的降低，也不利于具有公共物品价值的林业生态产品利用国家相关政策实现其市场化的机遇。此外，过去林业生产税费高昂、造林效益低也严重影响了群众造林护林的积极性，不仅降低了林业生产的效率，甚至还导致县、乡干部低价流转林地，以及未征得林农同意强行流转或征占用林地，以及部分木竹经营者省外办证、省内砍伐装货等乱象。资溪县林业资源权属、分配、管理及利用等方面存在的历史遗留问题，为拥有丰富林业资源的资溪县进行现代林业资源建设带来了相应的发展难题。对现有林权制度进行改革，确保林业本底资源的合法性和稳固性，已成为资溪县实现林业产业的高效发展，实现林业资源产品价值的转化的首要问题。

二、多种交易模式解决权属问题

为了解决资源难整合、难交易的问题，资溪县建立了生态资源收储平台，平台入驻林业资源调查（监测）中心、林权收储中心、产权交易中心，提供资源收储前期尽职调查、价值评估、拟定收储方案和权属交易等服务，打通了生态价值实现的第一道关。同时创立了"两山"转化资源整合平台，资溪县泰丰自然资源运营有限公司负责具体承接资源收储业务，资溪县两山林业产业发展有限公司专业从事林业资源资产的市场化运营管理，资溪县纯净文化旅游运营有限公司负责文旅业态运营管理和区域公用品牌打造。

这些机构在资源分类集中化收储的基础上，按照产业类型，以股权合作、特许经营、委托运营、租赁、转让、碳汇交易、生态补偿等方式进行运营。各具体交易模式的结构如下：

（1）股权合作。即由"两山"转化中心通过引入专业运营商（产业资本）共同出资成立专业运营公司对生态资产和产业进行融资、开发和运营，双方按照出资额承担责任和分享收益。

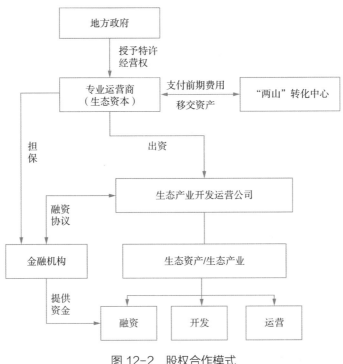

图 12-2 股权合作模式

（2）特许经营。由政府通过竞争性方式选择合适的专业运营商（产业资本），授予特许经营权，由专业运营商全权独资负责指定生态资产和产业一定时期内的融资、开发和运营。

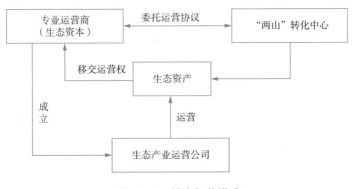

图 12-3 特许经营模式

（3）委托运营。"两山"转化中心将特定的生态资产通过协议方式委托给专业运营商（产业资本）在一定时期内进行运营，"两山"转化中心保持产权并支付委托费用。

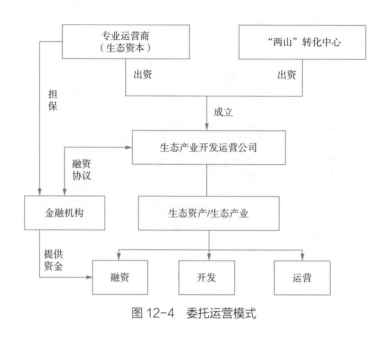

图 12-4 委托运营模式

（4）租赁。"两山"转化中心将特定的生态资产通过协议方式租赁给专业运营商（产业资本）在一定时期内进行运营，运营商支付租赁费，并通过运营获取收益。

（5）转让。"两山"转化中心将持有的部分生态资产的权益直接一次性转让给专业运营商（产业资本），收取转让费。考虑到产业运营的专业性和重要性，建议由"两山"转化中心和专业的产业运营商主要采用股权合作方式，成立专门的运营公司进行运营。

三、"土地流转＋三权分置"探索农地收储新形式

资溪县属于国家生态文明体制改革试点区域、"绿水青山就是金山银山"实践创新基地。按照确定的江西省全面承担国有自然资源资产管理体制改革的试点先行县要求，以及实行"三权分置"制度改革政策，积极探索自然资源资产管理体制改革路径，将全县碎片化茶山、农地等农业资源在确权登记基础上，结合"所有权、资格权、使用权"和"所有权、使用权、经营权"三权分置改革，鼓励农民、村集体等生态资产所有者通过转让、租赁、托管等方式将资源的资格权、经营权和使用权集中化流转到"两山"转化中心平台。属于集体建设用地上资产资源以及林地、农业用地等，由权属人或使用人先将资源资产集中至村级集体经济组织，再由"两山"转化中心向村级集体经济组织收储。生态资源收储中心对分散化的农业土地资源进行规模化收储、整合、

修复、优化，积极盘活低效用地，依法处置闲置土地，有效推动了全县进行资源变资产、资金变股金、农民变股东的农村三变改革，推进农业资产资本化，并且根据矿产资源储量规模，分类设定采矿权有效期及延续期限，落实采矿权抵押权能，推动探矿权、采矿权与土地使用权有效衔接。截至 2023 年 8 月，全县农地确权面积 9.3 万亩，流转总面积 7.5 万亩，流转率达 80.66%，全县完成了 9 个乡镇级、70 个村级、682 个组级农村集体经济组织的清产核资、集体经济组织成员认定和集体经营性资产股份合作制改革工作；通过完善资溪县承包地"三权"分置制度，衔接落实二轮承包到期后再延长 30 年的政策，深化农村集体产权制度，有效保障农民财产权益。

资溪县探索的具有自身特色的"两山"转化中心运作模式的基础在于深入开展农村土地制度改革，组织实施农村承包经营土地确权颁证工作，推动土地流转，搞活土地经营权，促进一批新型农业经营主体涌现，稳步推进农村承包土地"三权分置"改革。农地经营权抵押贷款则完全放活了农地经营权，通过"两山"转化中心梳理县域内资源底图，编制招商手册，形成生态资源、产权、项目清单，提升资源价值，做大资产规模，精准招商引资，积极发展多种经营，把生态效益更好地转化为经济效益、社会效益。

● 案例1 "两山供销平台"：山重水复疑无路，林权供销又一"村"

图 12-5 竹加工厂工人正在加工竹材

某竹农在 1995 年就办厂从事竹制品加工，为保证原料供应，他出资购买了 11000 亩山场，其中有 3400 多亩的杉木林地。但是杉木与竹加工关系不大，打理起来又得花费很多精力。于是他与资溪县两山林业产业发展有限公司签订了供销合同，一共换取了 500 多万元，解决了他眼下两个大麻烦，一个解决了原材料供应源问题，二是获取了一大笔资金能够扩大生产规模。

这些林地都交给资溪县两山林业产业发展有限公司经营，该公司负责这些林地的造林抚育、集约经营、综合开发。比如，该竹商的那块林地就最终转给了大觉山旅游投资集团有限公司经营。如今，资溪县已形成了以大觉山国家 5A 级旅游景区为代表的全域旅游发展格局，2022 年全县接待游客 580.3 万人次，同比增长 12.7%；实现旅游收入 32.6 亿元，同比增长 13.5%，旅游综合收入占全县 GDP 比重的 65.5%。

案例2 "竹林整合平台"：小县竹林深似海，资源整合焕生机

资溪县拥有 50 多万亩毛竹林，素有"中国特色竹乡"的称号，当地竹木产业已呈集聚态势。根据竹产业现阶段发展水平及未来规划，第一产业"竹木生产"有充足的本底资源保障，且下一阶段将通过科技育竹进一步提升产量和质量，而第二产业"竹品加工"也已经具备政府政策扶持、龙头企业引领、社会资金充足等制度和资源保障，因此对第三产业进行探索和创新将更有利于未来提升资溪县竹产业生态产品价值。

资溪县结合当前社会求和科技发展趋势，通过整合"互联网＋"、大数据等现代信息工具，大力打造资溪竹资源整合平台，由此创造资溪县与外界进行竹资源信息交互与服务的渠道，使资溪县一二产业丰富的竹资源与产品拥有输出的终端，同时扩大吸纳投资方资金、行业与科研机构先锋创意与科技的口径，从而实现资溪竹产业的生产形式、营销模式和合作方式的优化和重塑，显著提升资溪县竹产业生态产品价值的转化效率。尤其是首创"竹木产业链融资"，融资 4.4 亿元用于资溪竹科技产业园基础设施和研发中心、标准厂房建设。县农商行出台《竹科技

企业产业链融资管理办法》，为竹木产业发展提供全链条式配套融资服务，辖内金融机构为20余家竹木加工企业贷款近6亿元。

当前，全国已建立起以竹资源与产业为核心的信息平台，与其他地区相比，资溪县建立竹资源整合平台最突出的优势在于"两山"转化中心平台的资产整合职能，对全县竹林资源和竹产业的本底信息已有了较为完善的统计与管理，具备建立大数据中心的基本条件，而以大数据中心为原点，又可以根据数据功能和交互对象辐射出不同的功能子平台。

案例3　"线上招标平台"：异地招标"一日还"

图12-6　不见面开标大厅

资溪县公共资源交易中心积极探索深化"放管服"改革，对资溪县人民医院改造提升工程项目（预算金额1262.85万元），改变以往传统的现场开评标模式，同步进行线上"不见面开标"和"远程异地评标"。2021年3月3日，这场"远程异地评标"在资溪县公共资源交易中心开标大厅里成功举办，这是抚州市首例重点项目同步进行"不见面开标"和"远程异地评标"。在这场特殊的招标中，主场专家通过在资溪县公共资源交易中心评标室与抚州市公共资源交易中心客场专家进行远程异地评标。此次招标共331家企业通过"不见面"开标系统，完成在线签到、投标文件在线解密、上传相关资料等操作，从信息发布、招标文件获取到项目投标、开标等环节均在网上完成。主场专家与客场专家通过远程异地音视频同步远程评标，投标人足不出户即可参与开标全过程，真正实现"交易不见面，服务不掉线"。

"远程异地评标"打破了评标地域空间限制，降低了评标时间和成本，从源头上有效预防了围标串标行为。下一步，资溪县公共资源交易中心将不断完善"不见面"开评和远程异地评标机制，逐步扩大适用范围，确保交易全过程在阳光下运行，真正实现让数据多跑路，让企业零跑路。

第三节 架设价值实现平台破解资源"难变现"

一、提高森林质量增加产品价值

随着近年来各国绿色经济的持续发展，国际市场对木材、竹材等森林生态产品的需求也日益增强。为了确保进口商品符合低碳、环境友好等条件，部分国家或地区制定了相应的林产品认证或进口标准，对相关市场活动进行认证、评估或监管。此类标准通常涵盖了从林木生产、收获到产品制造、运输等全过程。部分情景下，这些林产品认证标准甚至可以作为发达国家通过提高商品质量门槛而设立贸易壁垒的工具，限制发展中国家相对廉价而丰富的林产品涌入本国市场，对本国产业造成冲击。

因此，资溪县通过对接国际标准，开展相关森林经营或生产活动认证，进行规范而高效的森林生态产品生产，不仅有助于资溪县生态产品迈过产品质量门槛、突破贸易壁垒，还将在完成认证后获得相关的产品标识或标志，从而提升资溪县生态产品的品牌整体形象，吸引投资方和消费者的青睐。基于当前林业现状，资溪县通过以下两个路径实现森林生态产品生产及销售认证。

（一）开展森林管理委员会（FSC）认证

国际森林认证体系的发展起源相对较早，其中森林管理委员会（Forest Stewardship Council，以下简称 FSC）自 1993 年成立以来凭借较为严格的森林认证标准和分布较广的认证会员构成，在全球范围内获得了主流的认可。截至 2020 年 11 月，我国已有 117.47 万公顷森林通过 FSC 认证。2009 年资溪县南方林场 2940 公顷林地通过 FSC 认证，成为江西省首家通过 FSC 认证的企业。根据资溪县林业局资料，全县的 FSC 认证工作于 2019 年正式铺开，并于 2020 年 12 月底完成了 2690.7 公顷乔木林、31642 公顷竹林总计 34332.7 公顷的森林认证，然而该比例相较于全县的森林资源总和仍存在一定差距，并且乔木认证面积显著小于竹林。因此，资溪县借助"两山"转化中心平台进一步整合全县域森林资源并做好协调优化，根据森林经营认证规范对生产效率低、未充分利用的林地进行赎买并改变生产方式，同时对已完成收储的林地进行管理优化，尤其注重固碳作用、流域服务、土壤保持、游憩服务、生物多样性保护等生态系统服务效益的提升以满足认证标准，尽早获得认证资格以提高森林生态产品在全球市场的认可度和竞争力。

（二）开发符合碳标签制度的产品

资溪县范围内乔木林的木材与林下经济作物、竹林的竹材和竹笋资源基础丰富、人工干预程度低、农药化肥施用较少、碳吸收效率和储量高等特点，相对符合碳标签度要求。资溪县充分规划森林和竹林经营碳汇项目并按照项目开发方法学进行生产，进一步增加森林生态产品的碳储效率，使产业链各部分更加符合碳中和标准。通过碳标签制度优化资溪县森林生态产品主要通过以下模式实现。

一是"两山"转化资产评估中心与碳信托（Carbon Trust）等国内外碳中和解决方案企业或组织达成合作，对县域内具有满足碳中和认证要求潜力的产品类型进行筛选，测算森林、竹林全产业链碳排放量。

二是资产运营中心根据碳排放量测算结果，以净零排放为目标，在产品加工、包装选材、运输方式等可行方面设计优化方案并实施。在生产活动达到 PAS 2060 等碳中和标准后，产品即可获得碳中和认证。

三是通过碳中和认证的资溪县森林生态产品有突破国际绿色贸易壁垒、获取更多市场份额的能力，争取到国内政府部门的政策支持，吸引更多国内外投资者的资助。凭借此类优势交易中心进一步扩大投资方队列，提升产业链规模，拓展森林生态产品的国内外市场范围，提高森林生态产品价值实现的效率。

二、赋能农业资源提高乡村收入

资溪县通过"两山"转化中心充分发挥出平台优势，按照农业资源整合—农业资产运营—农业资本赋能的形式，生态资源收储中心负责通过赎买、租赁、托管、股权合作、特许经营等方式，将碎片化、零星化的生态资源收储、整合后形成优质高效的资源资产包，交给"生态通"运营中心运营，最大程度实现资源集约化和规模化。绿色金融服务中心则负责引进金融资本和社会资本，为生态产品价值实现提供金融解决方案，有效实现了农业生态产品价值。

资溪县采取农业资产"管理和运营分离"模式，提升复合模式，将交通条件、生态环境等良好的农场作为旅游休闲景区，将林地经营权整体出租给专业化市场运营公司，形成在旅游中发展生态农业的新模式。资溪县每年于大觉山举办的国际半程马拉松赛将农业与旅游业完美融合，在周边休息场所为选手或游客提供有机农产品（水果、白茶、鸡肉等），既宣传了地方特点，又直接获取了经济收益。另一方面，资溪县通过大力打造资溪特色农产品，选取有机茶、有机竹笋（果蔬）、有机水稻及有机肉牛作为资溪县农业发展的四大支撑产业，其中"资溪白茶"2022年品牌价值达7.12亿元。资溪县特色产业种养面积逐年增加，产值逐年攀升，已占到全县农业生产总值4亿多元的50%～60%。

三、开发旅游资源打造资溪"铭牌"

生态旅游开发要求对生态资源进行整体性开发，但是山、水、林、田、湖、农等资源的使用权分散在不同的所有者手中，同时部分生态资源存在权属不清等问题，导致无法对生态资源进行整体性保护和开发，碎片化的权属导致规模资本无法进入到生态旅游开发领域。资溪县生态旅游资源开发就是典型的"碎片化"开发模式。某些区域优质旅游资源如景区等固守传统理念，单打独斗，同质化和价格战使得客流量日渐萎缩，在整体上无法形成合力，而外部优势企业因条块分割和利益问题，对区域优质资源的整合存在重重困难，使先进发展理念和专业化运作无法嫁接落地。

为了解决这一难题，资溪县通过"两山"转化中心推行生态旅游区开发的"三权分置"改革，建立了产权清晰、权责明确、政企分开、管理科学的现代企业制度，实现生态旅游区开发与营运管理的分工化、专业化、市场化运作。落实承包土地所有权、承包权、经营权"三权分置"，开展经营权入股、抵押。鼓励政府机构、企业和其他社会主体，通过租赁、置换、赎买等方式扩大生态旅游空间，采取政府牵头，多方合作的形式，实行"谁投资、谁建设、谁受益"的经营机制，建立了一大批的旅游景点，包括 1 个国家 5A 级旅游景区大觉山，4 个国家 4A 级旅游景区御龙湾国际旅游度假区、真相乡村、大觉溪、野狼谷，3 个国家 3A 级旅游景区泰伯公园、百越文化村、全龙面包文化园等。通过旅游收益扶贫，帮助 800 多户贫困户每年户均增收 3000 余元。

案例1　碳汇价值实现平台：森林功能价值实现的又一"突破"

碳信用产品开发

资溪县依托"两山"转化中心平台，采用碳信用产品开发模式来实现森林碳汇功能价值。首先"两山"转化中心的资产评估中心聘请林业碳汇领域的专家或第三方咨询机构对资溪县境内满足各类碳市场（强制市场和自愿市场林业碳汇项目开发条件的林地或林木进行碳汇资产评估，预估其碳信用的价格）；其次风险防控中心将潜在的碳信用产品开发可能存在的市场和政策风险进行识别、评估并制定防范

图 12-7　森林碳汇产品开发流程图

和监控计划；然后收储中心通过转让、租赁或托管等方式将通过资产评估的林地或林木（包括竹林）的经营权和使用权集中流转到"两山"转化中心；再是研发中心根据碳汇资产的类型和市场需求，对完成流转的地或林木资源进行满足各类碳市场标准（CCER、VCS、CCB 等）的各类项目类型的（造林碳汇项目、森林经营碳汇项目、竹林造林碳汇项目、竹林经营碳汇项目、森林保护碳汇项目等）碳信用产品（CCERs、VCUs、CCBs）的设计和开发（或通过公开招标的方式选择具有开发林业碳汇项目经验的咨询机构对林地或林木资源进行碳信用产品的开发）；最后交易中心负责将开发出的各类碳信用产品按照碳信用产品类型进入各自的碳市场进行交易。

开发"两山"转化碳普惠项目

资溪县"两山"转化中心林农森林碳计划实现的林业碳信用按以下方式与抚州市的碳普惠体系进行对接：

一是"惠民"端——森林碳汇购买或认领。资溪县与抚州市合作构建"两山"银行森林碳汇平台，对县域内难以满足碳市场的准入条件，但具有增汇功能的分散林地、竹木进行整合，核算其碳汇量，并将产生这些碳汇量的林地或林木的信息放到"绿宝"碳普惠平台供市民进行"点对点"碳汇量购买。打通林农与公众直接交易碳汇量的渠道，让购买资金可直接汇入对应林农的账户，由此在不影响林地常规利用的情况下为林农提供收益。与此同时，借助抚州碳普惠平台的惠利制度，为参与林竹碳汇购买的市民提供相应的消费优惠，进一步提升公众参与积极性。

二是"惠农"端——提供优质有机林、农产品。资溪县"两山"转化中心可充分利用"绿宝"碳普惠平台优势，以"两山"转化资产运营中心为主体，为本县优质的林材、竹材产品以及有机林副产品和农产品赋予绿色低碳的产品定位，并作为整体入驻"碳普惠联盟商家"为抚州市民提供优质林、农产品或生态旅游服务产品等。由此将不仅拓展出资溪县森林生态产品输出以实现价值的又一创新渠道，也将为抚州市发展绿色经济与服务供给提供县域支持，提升资溪县"两山"转化中心平台影响力。

案例2　南源民宿集群：村中民宿"颜"如玉，山中自有"黄金屋"

南源村坐落在大觉山脚下，烟雨朦胧，流水潺潺，犹如一幅淡雅的水墨画。在开发之前，村民们是靠着流泪流汗，赚取着微薄辛苦钱，村里有很多闲置房，年久失修，大家守着"绿水青山"，却依旧过着穷苦日子。但资溪"两山"转化中心成立后，它一头连接农民群众，一头连接资本市场，让生态资源变成百姓红利，带动村民脱贫、村集体增收，让"守着金饭碗讨饭吃"现象得以根本转变。

资溪县政府为更好地践行"绿水青山就是金山银山"理念，响应乡村振兴号

图 12-8　南源村

召，由"两山"转化中心租赁村民闲置房屋再转租给投资商，实现资源到资本再到资金的转化，共撬动了社会资本 2000 余万元，打造了现在的南源民宿集群，带动了村集体经济发展，提高了村民收入。并且，"两山"转化中心整合资金 1000余万元，完善了南源村的公共基础设施。目前，南源民宿村已建成星空、花园、国风、乡愁等各类主题民宿 20 栋，拥有客房 100 余间。自 2021 年开业至今，住宿率保持 70% 以上，深受广大游客欢迎，每年为村民带来经济收益 300 余万元，带动农产品销售额 2000 余万元，为村集体经济增收 200 余万元。

第四节　搭建绿色智力平台给金山银山"增底色"

技术人才是践行"绿水青山就是金山银山"理念最紧缺的要素之一，以目前状况来看，越是生态资源富饶的地区，地理位置越是偏远，技术人才越是匮乏。生态产品价值实现不仅仅是将资源变成资金，更是生态资源与农业生产、乡土文化、生态景观等的融合，因此需要更新的理念、技术、信息、经营和管理。加大技术人才资源配置力度是让"金山银山"做更大的一个根本保障。

一、"人才＋项目"精准引才

加强人才队伍建设是推动"两山"基地建设的首要任务，人才队伍建设有效推进，对加强"两山"基地的建设、健全生态产品价值实现体系、提高生态行业和企业管理水平、推动全县"两山"转化快速实现发展发挥着重大作用。生态产品价值实现涉及到生态、农业、林业、水利、金融、投融资、旅游、文化、大数据等诸多专业，对专业技术人员要求较高，因此资溪县将培养和引进结合，引资和引智结合，专职和兼职结合，通过外聘、全职、兼职等多种形式，灵活积极引进有经验有水平的外部高端专业人才，同时通过招聘、培训、交流、挂职等多种途径，积极培育本地专业技术人员。

资溪县通过创新人才使用和评价机制，打破人才身份和体制障碍，形成具有竞争力的人才制度优势。实施更加积极开放的人才引进、留用、培养政策，建立健全人才奖励体系。实施科技领军人才引进计划，按照"不求所有，但求所用"原则，实施"人才＋项目＋平台"模式精准引才，大力引进科技领军人才和创新团队。支持企业引进培育高素质和急需紧缺人才，加大特色产业专业人才的引进力度。结合"双返双创"和"三请三回"活动，大力开展招才引智，加快引导资溪籍人才回迁，引进一批经济社会发展重点领域急需紧缺人才。创新人才合作机制，县委出台"智汇资溪人才双千计划"，与高校建立合作关系，指导产业发展。为了让外地人才安心安家，县委、县政府建设了人才公寓，可直接拎包入住。

二、"培养＋激励"专项育才

资溪县加强对科技领军人才培育，每年选拔培育一批县级、市级科技领军人才。实施实用人才培养计划和培养工程，组织选派科研骨干赴高等院校进行委托培养。建立普惠制创新创业人才培养机制，加大农村人才培养力度，实施"一户一产业工人"培养工程。建立以企业为主体、产学研结合的创新人才培养机制，开展"科技型中小企业创业人才"提升行动。

同时，健全以创新能力、质量、实效、贡献为导向的科技人才评价体系，完善科技人员职务发明成果权益分享机制。扩大人才科研自主权，推进以项目负责人制为核心的科研组织管理模式，让领衔科技专家享有更大的技术路线决策权、经费支配权、资源调动权。完善人才创新创业尽职免责机制。优化人才福利待遇、职称评聘、成果转化等激励措施，完善配套服务政策。弘扬科学精神、企业家精神、工匠精神，加强科普工作，提高全民科学文化素质，营造了崇尚创新的浓厚氛围。

三、建设科技创新平台

资溪县依托生态优势和面包食品、竹木科技、现代农业等产业优势，加大创新引导资金投入力度，加强产业链上下游间的联动，构建产业创新平台。支持高等院校、科研院所在资溪县设立院士工作站、博士后工作站、技术创新中心、工程研究中心、企业技术中心等研发平台或新型研发机构，与国内外院校加强产学研合作，积极建设海智工作站、科技企业孵化器、人才工作示范点等创新创业平台。积极探索在市内外、省内外建立"飞地型"科创平台。同时，优化创新平台布局，加强高水平创新平台建设，培育和发展园区集群创新优势，吸引集聚创新人才，优化科技创新资源配置，推动产学研合作，打造智慧平台。

● 案例1　"智汇资溪"：大会遥惊四海瞩，"两山"学子五洲来

2021年5月8日，资溪县举办了首届"智汇资溪"人才大会暨"两山"实践创新高峰论坛，大会上迎来了31所高校、8个科研院所的181名专家学者和9个大学生创新团队。会场内外，乡村振兴设计大赛、竹科技创新、负氧离子与健康研究、花儿写生风景画等县校合作成果展精彩纷呈，15个旅游、康养、教育等合作项目正式签约。

"智汇资溪，才赢未来"为这方纯净生态绿色发展描绘了一幅令人神往的新画卷。为引进八方人才，资溪县立足实现人才价值与生态产品价值转化目标，出台《关于促进高校毕业生到资溪就业创业实施意见》等系列引才政策，创新实施"智汇资溪"县校合作计划，以培育写生采风、实践教育、协同创新、大创孵化、赛事合作为抓手，先后与武汉大学、南昌大学、北京林业大学等39所高校院所建立战略合作关系，对接服务10万莘莘学子，构建"资溪无大学，大学在资溪"人才引育新平台，将高校和科研院所人才资源、智力成果汇聚资溪，不断提升资溪践

图 12-9 首届"智汇资溪"人才大会暨"两山"实践创新高峰论坛

行"两山"理论新境界。一年多来，15万名大学生走进资溪感受纯净之美、贡献智慧力量、宣传迷人生态，并引进博士（院士）团队3个、高端人才百余名，30多个合作项目在智力与产业融合中迸发强大力量。通过江西农业大学黄路生院士团队的努力，圣泽白羽肉鸡祖代场项目快速落地；依托国际竹藤中心、中国林业科学研究院、南京林业大学等院校的技术力量，全国首个县级竹科技创新中心建成启用，且主动与中国环境科学研究院共建"两山"实践创新研究基地，为资溪生态立县、产业强县、科技引领、绿色发展战略注入巨大创新力。

案例2 "两山"学院：书山有路勤为径，"两山"实践人为本

聚焦"两山"使命 特色鲜明立校

2020年，资溪县正式成立"两山"学院，学院位于资溪县鹤城镇大觉山村，北靠资光高速，西邻大觉山风景区，东面为台湾风情园。办学理念以习近平生态文明思想为指导，深入贯彻落实"绿水青山就是金山银山"理念，以"开展'两山'研究、服务'两山'实践、培养'两山'人才"为办学使命，聚焦生态产品

图 12-10　"两山"学院开工揭牌仪式

图 12-11　省委党校和市委党校在"两山"学院现场教学

价值实现，推动办学功能由单一向多功能转变，办学模式由相对封闭向开放合作转变，实现理论学习与社会实践并举。旨在总结、推广"两山"实践转化经验，进一步培训提升干部绿色发展能力，着力打造成为一所高质量、专业化、生态性、应用型的一流特色新型学院，力争跻身国家级"两山"学院示范行列。

资溪县将"两山"学院建设工作纳入党委整体工作部署，获得江西省委组织部支持，被纳入江西省重点项目。"两山"学院先后被列为中国环境科学研究院生态研究所资溪生态环境科研基地、南昌大学资溪"两山"产教融合基地、中共江西省委党校江西行政学院现场教学基地、江西省生态环境厅现场教学基地、江西经济管理干部学院现场教学基地、中共抚州市委党校抚州行政学院现场教学基地。

开发特色课程　创新教学体系

"两山"学院现已构建由课程教学、影像教学、访谈教学和体验教学共四部分组成的"两山"教学体系。开发《践行"两山"理念，推进绿色发展》《县城经济发展——资溪面包全民创业故事》《红色故事》《重温党章》《红色资溪》《红军家属优待证》等教学课程；开展《喋血资溪》《我们村的女当家》《像我们这样奋斗》等影像教学；开展参观"两山"理论展览馆、面包创业故事、美丽乡村建设故事——访全国人大代表新月畲族村第一书记兰念瑛、诗与远方——走进中国传统村落莒洲村等访谈教学；开展参观面包产业城、体验面包制作；参观现代竹科技产业园、"两山"转化中心、花儿写生基地等体验教学，以及体验生态康养——热敏灸小镇；回味农耕文化，开展艺术写生和户外拓展训练等。

学院规模初具　成为教学基地

资溪县"两山"学院，项目总面积131.5公顷，核心区"两山理论学院教学区"规划用地54.6亩，主要建设教学楼、综合楼、乡村文旅实践基地、两山食苑（台湾风情园）、烘焙基地、停车场等。其中教学楼和综合楼建筑面积约11400平方米，目前，三栋主楼已于2022年3月投入使用，"诗意南源美丽乡村示范区""小觉香谷产融示范区""下傅艺术乡村示范区""上傅文化乡旅产融示范区""大觉溪田园综合体""乐享果玩农业示范区"等六个教学示范区已建成，资溪县"两山"学院教学区已初见规模。

专栏　生态资源平台"三本账"

1 经济账："两山"转化中心助"绿水"变"金山"

价值核算平台摸清生态"家底"

资溪县建立了生态产品价值核算体系，编制了资产负债表，将资溪县的生态家底摸清查楚。经调查，2019年资溪县的GEP达354.17亿元，是当年GDP的8.2倍，2020年资溪县的GEP为366.30亿元，是当年GDP的8.16倍，2021年资溪县的 GEP 为 478.76 亿元，是当年 GDP 的 9.23 倍。

资源收储平台扫清融资障碍

资溪县通过对非国有商品林、林权收益权、景区特定资产收费权等资源进行赎买和质押，并提供贷款担保，获得银行贷款 25.6 亿元，生态产品价值实现各项贷款余额达 30.46 亿元，占全县贷款余额的 41.56%。

2 生态账：权属交易平台让"资源"涨"身价"

零"存"整"取"，土地整合价更高

资溪县积极实行"三权分置"制度改革政策，截至 2023 年 8 月，全县农地确权面积 9.3 万亩，流转总面积 7.5 万亩，流转率达 80.66%，农业资源在此政策下实现了资源的流转与有效利用。

产品赋能，农业品牌市值涨

资溪县以"纯山净水、资源资溪"为主题，统领等各类产品品牌，全力打造覆盖全区域、全品类、全产业链的"纯净资溪"区域公用品牌，其中"资溪白茶"2022 年品牌价值达 7.12 亿元。同时，支持农产品争创品牌，以绿色生态为资溪优质产品赋能，在打造区域品牌中延伸产业链、提升价值链。

3 民生账：价值实现平台助"贫农"成"富农"

专业运营，"草屋"摇身成"金屋"

资溪县将破旧民房打造成优质民宿，建成星空、花园、国风、乡愁等各类主题民宿 20 栋，拥有客房 100 余间。待民宿全部正式投入市场后，预计每年可以为村民带来经济收益 300 余万元，带动农产品销售额 2000 余万元，为村集体经济增收 200 余万元。

资源开发，生态旅游助脱贫

资溪县通过"两山"转化中心推行生态旅游区开发的"三权分置"改革，建立了一大批的旅游景点，包括 1 个国家 5A 级，4 个国家 4A 级等。通过旅游收益扶贫，帮助 800 多户贫困户每年户均增收 3000 余元。

建立健全生态产品价值实现机制，是贯彻落实习近平生态文明思想的重要举措，是践行"绿水青山就是金山银山"理念的关键路径，是从源头上推动生态环境领域国家治理体系和治理能力现代化的必然要求，对推动经济社会发展全面绿色转型具有重要意义。抚州市作为全国第二个国家生态产品价值实现机制试点市，努力形成生态产品价值实现的"抚州路径"。而资溪县以抚州市为全国生态产品价值实现机制试点城市为契机，深入践行"两山"理念，坚定实施"生态立县·产业强县·科技引领·绿色发展"战略，紧紧围绕"提供更多优质生态产品以满足人民日益增长的优美生态环境需要"主线，加快构建生态产品价值核算体系，探索多元化生态产品价值实现途径，创新生态产品价值实现体制机制，建立健全生态产品价值实现支撑体系，形成了一套科学合理的生态产品价值核算评估体系，建立了一套行之有效的生态产品价值实现制度体系，构建了全方位立体式的生态产品价值实现支撑体系，形成了多条具有示范意义的生态产品价值实现路径，全面推进生态产业化、产业生态化，为生态产品价值实现"抚州路径"提供"资溪经验"！

第五篇

生态产品价值实现

插上经济『腾飞翅膀』

当前资溪县正着力打造以面包食品为首位产业、竹木科技为主导产业，生态旅游、现代农业等为重点产业的生态产业体系，正体现了资溪县以产业生态化的思想理念大力推进生态产品价值实现机制试点工作。

第一节 "有机＋休闲"引领农业跨越发展

一、"一核四区"带动有机休闲农业"全面开花"

资溪县通过发挥生态优势、立足发展实际、坚持市场导向，合理规划有机农业发展布局，确立"一核四区多节点"的有机农业发展总体布局，以有机白茶、有机水稻、有机竹笋、有机果蔬为重点产业方向，以"一乡一业""一村一品"为引领，坚持"建基地、壮龙头、创品牌""农业＋旅游"的措施与模式，发展有机休闲农业。"1核"即覆盖嵩市镇、马头山镇的赣东（资溪）有机农业科技示范园；"4区"即以高田乡为重点的有机高效种植区，以高阜镇为重点的有机特色养殖区，以鹤城镇为重点的有机休闲农业区，以马头山、石峡、乌石等乡镇为重点的有机林下经济区；"多节点"即结合"一镇一景"，在全县打造配套休闲山庄、有机休闲农业基地，实现区域全覆盖。

（一）以基地建设为基础，扩大种植规模

资溪县通过实施"一乡一业""一村一品"的乡村发展战略，错位建设了一批有机农业基地，夯实有机农业发展的基础。近年来，资溪县在嵩市镇、马头山镇稳步发展全镇域有机农业，在鹤城镇重点推进有机蔬菜、葡萄等基地建设，高阜镇重点推进有机竹笋基地建设，乌石镇重点推进有机白茶基地建设，高田乡重点推进有机白茶、有机油茶、有机食用花卉基地建设，石峡乡重点推进有机肉牛养殖基地、有机竹笋示范基地建设。截至2023年8月，资溪县有机农产品种植面积达15.58万亩，其中有机白茶3.78万亩、有机水稻1.8万亩、有机果蔬1万亩，基本形成全域有机休闲农业发展布局体系。

（二）以龙头培育为抓手，提升市场竞争力

资溪县以"做大产业建龙头、做大龙头带产业"为思路，以"公司＋基地＋农户""公司＋合作社＋基地＋农户"为模式，积极培育一批投资规模大、技术含量高、市场竞争力强的有机农业龙头企业。同时组建县属农业公司，通过发挥龙头企业的带动作用，以点带面，延长有机农业产业链，形成特色产业扬优成势，努力提升资溪有机农业企业的市场竞争力。截至2023年8月，资溪县全县培育了市级以上农业产业化龙头企业33家（其中省级7家，市级26家）。

（三）以品牌培育为重点，提升产品市场影响力

树立品牌就是市场的理念，资溪县专门出台了扶持有机农业企业创建品牌的政策，全力推进有机农业品牌创建培育。对县内农产品通过有机食品、绿色食品认证，获得中国驰名商标、江西省名牌产品和著名商标，获得国家级展会奖牌分别给予不同级别的金额奖励，同时对参加省级以上展销会的企业补助50%摊位费，以全面推进企业加快有机农产品品牌创建和有机食品认证、绿色食品认证。通过不懈努力，截至2022年底，资溪县创建以"资溪白茶"等为代表的有机农产品品牌18个，通过有机产品认证的农产品27个，获评"江西省著名商标"企业7家，获评"江西省名牌农产品"企业2家，多家企业多批产品获得国家（国际）评比金奖，资溪县也先后被评为"国家级生态示范区""国家有机产品认证示范创建区""江西省绿色有机农产品示范县"。

（四）以"农业＋旅游"为方向，提升产业收入

资溪县按照"农旅一体化"的发展思路，在有机农业项目中融入休闲、娱乐、度假等元素，探索构建"农户＋基地＋旅游"的模式，拓展有机农业增收途径，发展有机休闲农业。通过因地制宜，扬长避短，巧打特色牌，在吃、住、行、游、购、娱"六要素"上做新、做精、做活、做透。打造"吃农家饭、住农家屋、干农家活、观田园风光、探神秘野狼、买土特产品、看民俗风情表演"等卖点；打造"资溪印象"土特产专营店，建立"好森活"资溪山货品牌，推动农产品向旅游商品转变。通过深入挖掘县域内的陈坊老佬文化、草坪公社文化、新月畲族文化等镇村特色文化，融入乡村旅游产品设计，使乡土特色文化成为游客精神体验的主题和旅游的重要内容。截至2022年底，资溪县已打造省级休闲农业示范点6家，农家乐42家，基本形成以乌石镇（陈坊村、草坪村、新月村、长源村）为核心节点，株溪林场、陈坊林场、石峡林场和石峡乡为腹地的休闲农业发展布局。

二、"农林业 + 中草药"发展中药材产业

（一）"企业 + 农业专业合作社 + 基地""企业 + 村集体 + 农户（贫困户）+ 基地"撑起中药材产业发展

资溪县通过探索以企业为主导，通过基地连村集体、农业专业合作社连农户等多种模式，大力发展林下中药材产业。如：依托良好的生态资源和森林收储的集中资源，成功引进"国家林下经济示范基地""省级林业龙头企业"罗山峰生态科技有限公司，投资 13 亿元，规划林下种植 6 万亩，打造集林下灵芝种植基地、灵芝深加工基地、活体灵芝盆景文化基地、灵芝研发基地、森林研学基地、智慧数字林下产业体验中心等为一体的林下经济全产业链项目。目前，已完成投资约 2 亿元，种植灵芝 1.6 万余亩。

（二）政策先行突破中药材产业规模发展瓶颈

资溪县政府通过出台《资溪县支持中药材种植若干政策》，扶持中药材产业发展：对林下中药材产品出台税收优惠政策，对农业生产者销售自产药材产品和农民林业专业合作社销售本社成员生产的药材产品，免征增值税；对农民林业专业合作社与本社成员签订的药材产品和药材生产资料购销合同，免征印花税；对从事种植中药材和药材产品初加工的企业，依法免征企业所得税，极大地促进了中药材产业的发展。在石峡乡、乌石镇、高阜镇、鹤城镇、株溪林场、高阜林场等乡（镇、场），推广香榧、掌叶覆盆子、金银花、黄精、重楼、粉葛等中药材种植，逐步形成中药材规模化种植，打造中药材种植优势主导产品带和重点生产区域。

此外探索"农业 + 中药"模式，打造乌石农业科技博览园，截至 2023 年 8 月，全县中药材种植面积达 16671.8 亩。

三、"经营新模式"赋予林业发展新动力

（一）建立县、乡、村三级林权流转服务体系

通过建立县、乡、村三级林权流转管理服务体系，建设林权流转信息管理服务平台，明确三级服务平台工作职责，在流转服务、流转合同纠纷调解、林权抵押贷款、档案查询、信用档案服务方面进一步提高办事效率，优化服务功能，促进林权健康有序流转。截至 2022 年底，资溪县林地流转已达 37.6 万亩，其中林改前流转 24.2 万亩，

林改后流转 13.4 万亩，流转金额约 3.1 亿多元；林权抵押贷款从 2007 年开始以林业企业和经营大户贷款为主发展到林农、各类经营主体等全面贷款，至今累计发放林权抵押贷款 10.5 亿元，余额 2.3 亿元，撬动社会资金发展林业 20 亿元。

（二）探索森林溢价新途径激活林业生态价值

资溪县通过大力发展森林旅游，构建以国有林场、森林公园、湿地公园为主要平台，森林休闲康养、自然科普教育、生态文化熏陶为特色的多元化、复合型森林旅游体系。通过森林"四化"建设，乔、灌、草、花、果混合搭配，点线面结合打造资溪景观廊道，同时启动乡村森林公园建设，全面激活森林生态价值，提升森林的产业附加值。

（三）生态林业实现绿色富民

一是"林权改革"促进林农增收。截至 2022 年底，资溪县林地流转达 37.6 万亩，流转金额约 3.1 亿多元。对于林改前流转的山林，要求签订政策性让利补充协议，增加毛竹林租赁价、用材林价格，让林农真正从林改中得到了实惠。二是林下经济促进林农增收。全县林下种植、林下养殖、林下产品采集加工和森林景观利用等从无到有、产值效益从小到大林业成了林农兴林致富的"舞台"。三是生态补偿与生态扶贫协同推进。资溪县及时落实人工造林补助项目、低产低效林改造补助项目、退耕还林补助资金、公益林补偿资金、天然林保护补助资金等，发展壮大毛竹产业、花卉苗木产业、林下经济、森林旅游业等，并通过提供公益性岗位、聘用建档立卡贫困人员为生态护林员等措施，帮扶贫困山区群众，使得生态扶贫工作成效显著。

案例1　"品质+品牌"双提升打造资溪白茶

生境优越功效显著　工艺精细种类齐全

资溪县，地处武夷山脉西麓，自然生态保存完好，森林资源丰富，森林覆盖率高，森林茂密。而资溪白茶产区主要位于马头山原始森林附近，生态环境优越，群山环绕，空气清新，雨水充足，土地肥沃。正是这种优越的生态环境孕育了资溪白茶。资溪白茶是原产于资溪县域内的一种特有的白化茶树。目前，采用资溪白茶鲜叶加工而成的产品种类有绿茶、乌龙茶、红茶；茶叶形状有垂条形、扁平形、卷曲形三种形态。资溪白茶植株合成叶绿素的基因对温度很敏感，在早春气候较低（约18℃）情

图 13-1　资溪有机白茶

况下，初发芽合成叶绿素受到障碍，所以白茶叶片呈嫩黄白色，资溪白茶的采摘加工时期就在这一白化阶段，约有 20 天，此时白茶氨基酸的含量是普通绿茶的 2～3 倍。当气温上升至 25℃左右时，合成叶绿素的基因复苏，形成正常合成叶绿素的途径，茶树叶片即由黄白色变为绿色。资溪白茶芽叶黄绿玉白、形似蕙兰；冲泡后叶张嫩黄、茎脉翠绿，汤色嫩绿、清澈明亮，清香悠长，滋味鲜爽回甘甜等特点。

规模种植　产业链发展

截至 2022 年底，资溪县通过壮大龙头行动，已培育资溪白茶省级龙头企业 3 家，市级龙头企业 8 家，发展白茶专业合作社 6 家。通过将企业与茶农、合作社的有机联合，形成了"公司＋基地＋合作社＋农户"的经营模式，"资溪白茶"正逐步实现产业化经营，规模不断扩大的同时，带动农户增收致富。截至 2022 年底，资溪全县有机白茶种植面积达 3.78 万亩，年产量 258 吨，年产值突破 2 亿元，拥有全国生态茶园 1 个，国家标准化示范基地 2 个，白茶产业已成为资溪县"富民富商、强企强县"的重要支柱产业。除了生产资溪白茶之外，资溪县还将茶生产成茶粉，加工成饼干、面条、护肤面霜等产品，推动白茶产业全链条发展。

生产严格　品质提升

资溪白茶通过严格实行产品"五项检测"和品牌"五统一"制度，即"茶叶基地检测、茶青市场检测、茶叶加工企业的茶青进厂检测、茶叶加工企业产品的出厂检测、茶叶批发市场的出市检测"进行严格把关；对使用"资溪白茶"品牌的企业实行"统一质量标准、统一加工条件、统一有偿使用、统一协会监制、统一宣传推介"的市场运作方式，专门建设总面积达3万平方米的茶叶交易市场，提升产品质量，推进白茶产业市场化发展。科技助力资溪白茶品质提升。由地方政府牵头，在全国各地茶科所引进生产型茶树品种，建设"百茶品种园"，同时不断追踪和引进国内外表现优异的茶树新品种，从中选育出一两个适合资溪县种植的特、早、优茶树新品种。从源头上保证资溪白茶的市场竞争力，实现资溪白茶的产业升级和可持续发展。同时，推行"立体生态栽培、物理综合防治、测土配方施肥、大棚覆盖灌溉、自动清洁生产以及早优品种选育"技术，杜绝化学农药和化学肥料的使用；通过积极争取基金，为辖区内较大规模茶园建设气象监测站点，气象监测数据利于政府及时指导茶农采取有效措施应对恶劣天气。

宣传持续强化　品牌效益提升

资溪白茶集观赏、营养、保健于一体，是茶中珍稀茗品，提升白茶品牌影响力，不断增加产品销量和产业附加值，使茶农和茶企受益。2015年，资溪县在马头山镇举办"纯净资溪清香白茶——资溪源之源白茶采茶节"，截至目前，已连续7年举办资溪白茶文化节，以提高资溪有机茶叶品牌的影响力和知名度。资溪白茶已热销江苏、浙江、上海、北京等发达省份，并远销到韩国、日本等茶饮大国。截至2022年底，资溪县已培育发展白茶企业17家，其中获得有机产品认证证书企业10家；已创建有机白茶品牌15个，其中"源之源""出云峰""金源雾茗""碧雪归真"多次荣获中茶杯、上海茶博会等顶级茶赛事金奖；"资溪白茶"已被评为"江西省著名商标"、国家地理标志保护产品。"资溪白茶"2022年品牌价值达7.12亿元，成为全国百强名优茶，品牌享誉国内外。

案例2　道地中药材企业新典范：江西奉原生态科技有限公司

2019年，资溪县石峡乡引进了江西奉原生态科技有限公司，这是由一群江西中医药大学中药专业毕业并热爱中医药事业的博士、硕士、本科生组成的公司，主营业务是进行江西省道地中药材的种植、培育、加工、销售，目的在于做大做强江西道地中药材的企业，助力资溪中药材产业发展，带动农民增收，推动乡村振兴。

江西奉原生态科技有限公司成立初期，形成了"企业＋村集体＋农户"的中药材产业发展模式，在石峡乡7个村建成中草药种植基地，已种植黄精、天冬、粉防己、金银花等中草药近2000亩。截至2022年底，已带动当地农民数百人在家门口就业，特别是带动贫困户参与，达80户180余人。同时，江西奉原生态科技有限公司通过与当地政府合作举办中药康养文化节，邀请国内著名中药材方面专家参与，并举办纯净资溪（竹海石峡）中药康养研讨会，探讨中医中药文化精髓，为资溪县中药康养产业发展把脉定向。

未来，江西奉原生态科技有限公司将在资溪县实现林下中药材种植面积覆盖10万亩，建成集中药饮片、中药保健食品、中药大健康产品加工的一家大型企业、一家医药流通公司、一家中药深加工产品研发中心、中药材种植及加工省级龙头企业、高新技术企业，将为资溪县打造年产值过10亿的集团化中药产业，解决资溪县社会及农民就业5000人，创造税收1亿元以上，引领推动资溪县林下中药材产业发展取得新突破。

案例3　创新林地开发新模式，开辟农民致富新通道

基本情况

资溪县是江西省首个"中国特色竹乡"，是省重点毛竹产区之一，全县毛竹林面积50多万亩，竹林资源十分丰富，这既是资溪最重要的生态屏障，也是资溪推动"两山"高效转化，实现富民增收最重要的资源宝库。为深入贯彻落实习近平总书记"大食物观"，推进向"森林要食品"，资溪县充分发挥竹资源优势，以发展竹笋产业为突破口，全面提升竹林经营综合效益。截至目前，资溪县已完成笋竹林建设 6000 余亩，2023 年新增笋竹林 2 万亩，鲜笋产量达到 5 万吨，产值突破 1 亿元，竹笋产业将成为农民"靠山吃山"的新方式，为更高标准打造美丽中国"江西样板"提供了资溪经验。

强化导向指引　壮大产业规模

一是政策引导。资溪县把竹笋产业作为林业高质量发展、助推乡村振兴、增加农民收入的重要产业来抓，出台《资溪县竹笋产业 2023—2025 年高质量发展实施方案》，提高补助标准（每亩补助 1000 元），助推竹笋产业蓬勃发展。二是示范引领。鼓励农户利用房前屋后立地条件好的小面积毛竹林（100 亩以下），通过精心耕作高标准打造笋用林，示范带动广大农户积极参与笋用林建设，建设具有资溪特色的高标准笋用林示范基地。三是规模带动。重点抓好国有林场、国有公司、竹林经营大户规模化发展笋竹两用林建设，"以点带面"助推形成规模化经营。探索"公司＋村委会＋合作社＋农户"模式，与广大林农结成利益共同体，带动村集体经济发展。

创新体制机制　激发市场活力

一是实施竹林收储。加快竹林零星化、碎片化、偏远化整合，持续开展竹林收储，为笋竹两用林建设提供规模化经营空间。创新颁发笋竹林经营权证，提升笋竹林综合价值，固化笋竹林经营权、收益权。二是建立分享机制。探索"笋竹经营认领"模式，国有经营公司对收储竹林进行笋竹两用林打造，形成优质资产包，公开为农户提供认领经营，提高广大农户参与笋竹产业的积极性。三是鼓励全民参与。鼓励各种社会主体，农户、城镇居民、科技人员、私营企业主、外国投资者、企事业单位等，单独或合伙参与笋竹林的开发与建设，切实落实"谁造谁有、合造共有"的政策。

转变经营模式　实现溢价增值

一是林间变田间。通过林地清理、垦复松土、合理留养、建设喷灌、水肥一体化等高标准建设，推动竹林以砍伐毛竹为主的粗放式管理向农田精细化管理方式转变，从经营竹材向经营复合经营转变，笋竹量质齐升，出笋率提高50%，大径竹率达90%。二是林农变菜农。通过大力推进笋竹两用林建设，林农改变"判山"式采伐方式，精耕细作竹林，对发展竹笋蔬菜产业充满信心，开启了"把山当田种，把竹当菜栽"的育竹新模式，不断提高竹林土地利用率和竹笋产出率。三是青山变金山。深入践行"两山"理念，大力实施林业"千万资源变千亿产值"行动，持续做大做强竹笋蔬菜，启动"资溪竹笋"地理标志保护产品认证，打造"富硒竹笋"基地，创立特色竹笋品牌；延伸竹笋产业链条，做深竹笋加工，进一步提升竹笋附加值，力争到2025年竹笋产业链产值10亿元以上。

主要成效

拓展林业发展空间。资溪是典型的山区县，耕地少，但毛竹林面积有50多万亩，是耕地面积的6倍之多。资溪县立足实际，把目光瞄准竹林，通过建设高标准笋竹林，推进竹笋产业化、规模化、特色化，开辟了林业"千万资源变千亿产值"发展新路径，力争到2025年建设5万亩。

提高农民经济收入。据测算，通过高标准打造笋竹林，丰产年冬笋产量可达到150公斤/亩，春笋产量可达亩产1000公斤/亩左右，毛利润可达3000元以上，是一般用材林利润的10倍以上，显著地增加了农民收入。

稳固生态环境质量。通过大力发展笋竹两用林，引导大户流转竹林经营、村集体经济组织托管经营等模式，实施规模化经营，采取科学合理的垦复、施肥疏笋等措施，恢复毛竹林长势，精准地提升了竹林质量，有效解决竹林退化问题，竹林生态系统稳定性全面提升，实现经济效益和生态效益"双赢"。

案例4　唤醒沉睡资源，共富绿色资溪

资溪县是全省林业重点县，林地总面积约 168.8 万亩，其中：公益林 54.39 万亩、天然林保护工程 41.43 万亩，合计占全县林地的 56.77%。近年来，资溪牢固树立"绿水青山就是金山银山"的理念，坚定不移走生态优先、绿色发展之路，充分发挥资溪生态优势，以全国林业改革发展综合试点为契机，全面盘活公益（天保）林等"沉睡"生态资源，不断提升产业质量和规模，进一步壮大林下经济产业链，探索出一条实现林下经济高质量发展的"共富"新路径。

创新公益（天保）林盘活机制

针对林下经济在不破坏公益（天保）林森林生态，只利用林下空间经营的实际情况，创新制定"林下经济收益权证"，既解决了林下经济山林整体流转的问题，又解决了林下经济经营主体确权难、融资难等问题，让经营主体在公益（天保）林发展林下经济吃上"定心丸"。2022 年 6 月 29 日，资溪县颁发了全国首张林下经济收益权证，登记林下经济收益权面积 873.9 亩，获农商行贷款授信金额 300 万元。目前全县共颁发林下经济收益权证 8 本，涉及林下面积 15000 亩。

创新公益（天保）林盘活模式

一是林下种植模式。依托公益（天保）林良好的生态资源，以及收储的优质集中资源，引进林下经济龙头企业发展林下经济。如 2022 年 6 月，成功引进"省级林业龙头企业"江西罗山峰生态科技有限公司投资 13 亿元规划种植 6 万亩，集林下灵芝种植、生产加工、森林康养等为一体的全产业链项目，有效推动一二三产融合发展。灵芝每两年采摘一次，产值 20000 元 / 亩，扣除投入成本约 13000 元，纯收入约为 7000 元 / 亩。二是非木质化利用模式。对松材线虫危害严重的公益（天保）林，允许强度择伐或小面积块状皆伐，补种具有收益粮油树种，改善林相，提升森林质量。同时有效降低了松材线虫除治成本，减轻财政投入。如高田乡里木村，采取"国有公司＋村集体"模式，对村集体 370 亩公益林内发生松材线虫病较严重的马尾松进行强度择伐，选择生态、经济兼用型薄壳山核桃树采

取见缝插针的方式进行补种，既稳定提升了公益林的生态效益，又实现了公益林既得补贴又增加收益的目标。薄壳山核桃进入丰产期，年产值2000元/亩，是公益林补助的30倍以上。

公益（天保）林盘活成效

一是夯实了生态质量。项目实施过程中实施砍杂抚育，能改善林木生长环境，促进林木生长，提高了森林质量、固碳能力、碳汇增量，使山林生态效益最大化。二是促进了林下发展。有利于盘活沉睡资源，公益林、天然阔叶林得到全方位开发，形成了经济发展与生态保护形成良性互动格局，拓展出一条循环林业发展之路。三是推动了共同富裕。林农在获得公益林、天保林补助的基础上，还增加林下经济收益权流转费用，根据林地条件不同，林下经济收益权流转费用为4～8元/亩不等，同时每年带动100余人参与林下经济经营活动，每年增收8000余元。

资溪将探索生态产品价值实现作为乡村振兴的重要路径，依托丰富的公益（天保）林等生态资源，因地制宜发展"林下经济"，引导发展"林+菌""林+药"等特色种植业，联合县林业部门引进江西省仙之缘生态科技有限公司，在不砍伐林木、不破坏森林的基础上，大力发展林下灵芝培育种植，促进当地村民就业增收，进一步巩固脱贫成果助力乡村振兴。

第二节 "生态+科技"撬动绿色工业强势崛起

一、"小面包"撑起烘焙食品"大产业"

（一）"能人"引路推动面包产业增量提质

1987年秋，两个退伍军人勇敢闯出山门，带头创业，在鹰潭创办第一家面包店"鹭岛面包店"，从此点燃了"资溪面包"的星星之火。资溪县通过"亲帮亲、邻帮邻，一户带一姓、一姓带一村、一村带一乡、一乡带一县"的创业模式与精神，推动资溪面包产业"走出去"。资溪县抓住这一契机，积极引进能人返乡，创建上规模的面包培训基地 2 家，并邀请台湾、香港、广东等地久负盛名的烘焙大师前来授课，吸引了八成以上的"资溪面包大军"回炉深造，使资溪"面包大军"始终处于"充电"状态。目前，"资溪面包军团"年产值达 300 多亿元，"资溪面包"等 11 家企业进入全国优秀饼店行列，优秀饼店数达 400 多家。

（二）"面包＋赛事＋旅游"助力产业附加值提升

一方面，资溪县通过连续承办江西省"振兴杯"焙烤职业技能竞赛、全国焙烤职业技能竞赛江西赛区选拔赛等面包赛事活动，吸引全国各地烘焙从业人员 3000 余人参赛，同时邀请全国一流的烘焙企业乃至世界知名的烘焙企业参加烘焙展览展示、交流订货活动，扩大"资溪面包"的影响力。另一方面，探索推行"面包＋旅游"模式，积极唱响"资溪面包文化节"，做好现代媒体宣传推广，大力发展"面包＋旅游"，吸引游客，使之成为全国烘焙行业的盛会和重要 IP。

（三）"政府＋企业"合力做响"资溪面包"品牌

资溪通过建立"政府＋企业"的品牌建设推广模式，积极做响"资溪面包"品牌；通过政府与企业、商会相互合作，共同参与品牌推广，由江西省资溪面包科技发展股份有限公司管理品牌，具体负责"资溪面包"品牌市场化运作，以直营、加盟为主的品牌运作形式，实行资溪面包"五统一"模式（统一品牌标识、统一 CI 设计、统一技术标准、统一包装、统一管理程序），打造面包行业强势品牌。同时，建立资溪面包烘焙学院，围绕新技术、新材料、新工艺，推陈出新，保障品牌生命源泉。截至 2021 年 6 月，资溪县有 65% 的面包店扩大了经营规模，在全国实行品牌化经营的面包店 2000 多家，连锁经营的 1600 多家，综合经营的有 830 多家，企业化经营的 56 家，"资溪面包"品牌影响力进一步扩大。

（四）总部经济助力打造面包产业集群

一方面，资溪县通过整合金溪、贵溪、南城等周边 40 多万面包食品从业人员和全国部分食品知名企业资源，打造集生产研发、技术培训、集采配送和总部经济（商务）等"四个中心"为一体的产业总部基地，打造国内具有最大影响力的地标性产业的电子商务聚集区和资溪面包电子商务培训基地，形成以互联网技术打造原料加工、科研、生产、展示为一体的面包经济链。另一方面，通过整合"资溪面包军团"，组建资溪面包科技发展股份有限公司，"做实主业链、扩大副业链、健全供应链、延伸服务链"，建立资溪面包行业技术标准，制定并发布了《资溪面包通则》《主食面包》等团体标准，努力把"资溪面包"发展成为"中国面包（资溪标准）"，全力打造百亿产业集群，实现资溪面包食品产业的高质量跨越式发展。

二、立"竹"科技推动"小毛竹"产业链条式发展

（一）政策先行破除竹产业发展障碍

资溪县通过成立县毛竹产业发展领导小组，全面加强对毛竹产业发展的政府引导。通过出台《资溪县进一步鼓励投资的奖励扶持办法（暂行）》《资溪县加快毛竹产业发展实施方案》《资溪县高阜现代竹产业科技园区原竹集中加工孵化区管理暂行办法》《资溪县2020年竹木产业链链长制工作方案》《金融支持"竹产业链"推进方案》等一系列政策，破解做强做优资溪竹科技产业的体制机制困难。将毛竹资源培育和毛竹产业发展目标纳入各乡（镇、场）及有关部门年度全县目标管理考评范围，落实政府毛竹产业发展责任，实现毛竹产业的扩容提质和全链条发展。

（二）建设专业园区推进集聚发展

截至2022年底，资溪县全县竹林面积达54万亩，占林地总面积31.99%，亩均立竹量180多根、毛竹总蓄积量1亿余根。如何把毛竹这一生态资源优势转化为经济优势成为资溪当前发展的重点与难点。资溪县为加快转化毛竹资源优势，推动毛竹企业集聚发展，通过落实竹产业供给侧改革，通过规划建设总面积超2000亩的全省首个竹科技产业园，打造中国户外高性能竹材料生产基地。通过采取政府代建厂房、企业分期回购的方式，推进全县毛竹企业"退城进园""退路进园"，推动竹科技企业集聚发展。

（三）培植龙头企业拓宽产业链条

一方面，资溪县通过培植竹科技龙头企业，发挥龙头带动作用，提升自身企业的市场竞争力。截至2022年底，资溪已发展毛竹加工企业42家，其中国家级竹龙头企业1家，省级竹龙头企业3家。吸引双枪、味家、庄驰、吉中等10余家竹加工企业入驻。同时，出台竹木产业链发展意见，设立2亿元竹木产业发展基金和2000万元的木竹收购周转资金，支持竹产业链条式发展，初步形成从毛竹下山到精深加工的全产业链条。目前毛竹企业已发展出户外重组竹地板、竹胶板、整竹展开板、竹砧板、

竹凉席、竹炭、食品签、竹家具、竹工艺品等多元化、多样化的毛竹产品，打造了10余个竹产业自主品牌。大力开发设计竹类旅游产品，挖掘开发传统手工竹工艺品、竹笋食品，不断延伸产业链。资溪竹板烙彩画、竹花瓶烙彩画成为全国竹艺术创新特色产品；竹海旅游如火如荼，打造法水森林温泉、石峡竹海、御龙湾竹林度假区、马头山原始竹林探险等以观光、体验、康养等竹林景观20余处，每年吸引近400万游客到资溪县观光旅游。

（四）凝聚行业合力科技引领发展

一方面，资溪县聚焦新发展格局，支持竹科技企业由出口转内销，积极拓宽产品市场。通过与腾讯小鹅拼拼平台联合，打通竹产品销售渠道；通过发挥竹产业品牌效应，连续举办中国（资溪）竹产业发展高峰论坛，吸引行业内企业入驻。以2020年为例，通过举办高峰论坛，吸引36家科研院校、近200家企业参会，达成6项协议，促成3家企业落户资溪。同时，通过对建设竹林示范基地、硬化林区道路、开展森林抚育等给予补贴，保障竹原材料供应，稳定产业发展基础。另一方面，资溪县通过实施"智汇资溪"行动，与国际竹藤组织、中国林业产业联合会、中国林业科学研究院木材工业研究所、南京林业大学等高校和科研院所建立合作关系；通过聘请中国林业科学研究院木材工业研究所首席科学家于文吉教授担任竹产业发展和科技创新高级顾问，借智借力推进竹科技产业发展。同时，规划建设了竹产业研发中心，与高校和科研院所共建技术研究中心，给竹产业插上科技的"翅膀"，切实提高产品科技含量。

（五）产业联动融合助推竹业强县

资溪县提供提升竹加工平台，实施竹三产联动工程，推动竹产业综合性发展。一方面，以"资溪竹科技产业园"为主要建设内容，进一步提升改造，完善园区功能；建成石峡竹材初级加工集聚区，并引入4家竹初级加工企业，在完善高阜竹材初级加工集聚区的同时，规划在嵩市镇再建设一个竹材初级加工集聚区；打造一个集竹生产、调运和交易平台，突破竹农生产、销售和结算的瓶颈，实现网上毛竹交易结算机制。另一方面，做好竹三产联动文章。发挥县竹产业协会外联作用，组织毛竹生产和经营企业到竹产业发展先进的区域考察，吸取先进经验。基于高阜镇竹科技产业园功能定位，打造集商贸、旅游、康养为一体的竹韵小镇，发展竹林生态旅游。

案例1 "产城景"融合打造面包食品产业城

图 13-2 资溪县面包食品产业园

资溪面包食品产业城位于资溪县鹤城镇，占地面积约5000亩，项目总投资30亿元，首期规划约2600亩，基础设施投资6亿元。

聚焦"产城景"融合 聚力打造产业集群

按照"面包＋旅游"的模式，"产城景"深度融合，聚力建设综合性面包食品产业集群，以5A级旅游景区的高标准，打造资溪面包特色小镇与面包食品产业城。首期面包食品产业城规划面积约2600亩，按照打造集生产研发、技术培训、集采配送和总部经济（商务）等"四个中心"为一体的产业总部基地和"做实主业链、扩大副业链、健全供应链、延伸服务链"的思路，集聚特色优势产业集群，打造资溪现代化"产城景"融合示范城。功能定位为集智能制造、主题旅游、商住休闲、科普教育、物流展示等多功能于一体的综合性面包食品产业集群。园区已引入综合食品工厂、资溪贵歌食品有限公司、江西鲍才胜食品有限公司等10多家面包及其他食品企业。

主副产业链协同　多产业融合

产业城内主要涵盖面粉工厂、预拌粉工厂、冷冻面包厂、中西点综合工厂、面包集采中心、冷链物流等烘焙主产业链企业，以及肉松、馅料、油脂、鲜奶、巧克力、添加剂、设备、包装等副产业链企业，配套面包商学院，目标建成全国最大的产、学、研、游一体化烘焙业全产业链基地。同时，资溪县依托面包食品产业城，多次举办以面包烘焙大赛、面包产业高峰论坛、烘焙展等为主要内容的面包文化节，加强面包产业与旅游产业深度融合，助推资溪烘焙产业发展升级，把"资溪面包"打造成地方实体化产业。

案例2　科技撑起竹资源转化：竹科技产业园

图 13-3　资溪竹科技产业园

市场广阔　集聚发展

资溪县是江西省重点毛竹产区之一，是"中国特色竹乡"。竹子作为不可再生资源替代品，具有的广阔市场前景，是全球公认的绿色产业，具有巨大的文化、生态与经济价值。资溪县为充分发挥资溪毛竹资源优势，主攻竹产业，着力推进竹产业基地培育、竹产业加工，在高阜镇建设总投资 20 亿元的全省首个竹科技产业园，着力打造"中国户外高性能竹材制造基地"，发展绿色低碳工业。

品质提升　保障原料

资溪县现有毛竹林 54 万亩，占全县土地总面积的 28.85%，占林地总面积的 31.99%。为保护优质的森林资源，资溪县于 2016 年在江西省率先实施"山长制"，2018 年把"山长制"提升为"林长制"。同时，通过创新"林长 + 警长"新机制，探索实施森林赎买制度，推进竹林统一管理规划，建设了一批毛竹林基地，培育高产优质的竹林，有效提升竹林质量，促进竹产业结构转型升级。全县已实现低产低效林的全部改造，毛竹林质量得到显著提升。推广"龙头企业 + 合作社 + 基地 + 农户"模式，建设连片的规模较大的林业经营示范基地，与竹产业科技园开展订单式合作模式，提升毛竹品质，保障竹科技产业园原料的供给。

科技支撑　产业升级

竹科技产业园区通过聘请中国林业科学研究院、国际竹藤中心、中国竹产业协会、南京林业大学、福建农林大学、中国林产工业协会的专家，以及企业家组成专家委员会，助力资溪县竹产业高质量跨越式发展。园区竹科技创新中心与国家林业和草原局竹材工程技术研究中心、国家林业和草原局重组材工程技术研究中心、国际竹藤组织、国际竹藤中心、中国林业科学研究院等展开全面战略合作，实现产学研用融合，积极引进、开发和应用国内外先进科技成果，研究开发和产业化，促进先进技术的引进、消化、吸收和再创新，以提升资溪县竹产业创新能力和科研水平，促进产业转型升级。通过编制《江西资溪竹科技产业园总体产业文旅整合规划》，依托竹科技产业园区发展会展研发区、绿养竹游等项目，实现园区、景区、社区融合发展，以实现绿色产业升级。

科学规划　打造园区

2017 年，资溪县全面启动毛竹加工企业"退城进园""退路进园"工作，建成江西省首个竹科技产业园，着力打造"中国户外高性能竹材制造基地"。截至 2022 年底，竹科技产业园建设面积 600 亩，已完成投资约 8 亿元，已入驻企业 13 家，中国户外高性能竹材料生产基地雏形初步显现，重点引进江西竺尚竹业有限公司、江西庄驰家居科技有限公司、江西吉中竹业有限公司等户外高性能竹建材龙头企业入驻。园区内配套建设有集中供热公司、污水处理厂，实现低碳循环生产，其中集中供热公司，以竹加工企业生产废料竹屑为生产原料，实现整个园区热力供应。同时园区建成中国（资溪）竹科技创新中心，占地 20 亩，总建筑面积 1 万平方米。

产业园区应用多项国内外先进技术，以提升产品附加值，如集中供热公司拥有全国领先的生物质高值化多联产气化利用技术，实现竹屑为原料为园区供热，减少工业废弃物；竹加工企业应用户外高性能竹基纤维复合材料技术，提升竹产品使用性能；应用竹展开技术实现整块竹板展开，减少生产中工业胶使用提升产品环保性能，以及应用竹子重新组合技术提升竹原料利用率等。园区初步形成了从毛竹下山到初加工再到精深加工一条龙产业链条，推动竹制品产业链前端至末端整条产业链发展，全面提高毛竹综合利用率，已实现从一根毛竹 10 元收购价到产品售价 100 元的利润空间，推动了竹制品关联产业、上下游配套企业和资源要素向产业集群市场化聚集。

第三节　"生态 + 健康"绘出旅游产业"全域大格局"

资溪县立足生态资源与旅游产业优势，确立旅游产业在县域经济发展中的核心主导地位。以全域旅游为统领、大觉山景区为龙头，结合景观、村落特色，将最具特色的森林田园、山水生态、乡村聚落旅游资源进行梳理，构建形成了"1+4+N"的全域旅游发展格局（即 1 个龙头景区、4 条精品旅游线路、N 个乡村旅游点），以森林田园、绿水青山、乡村聚落为带动，打造全国知名的生态休闲度假目的地。同时，积极推进文旅融合,通过常态化举办"大觉山国际漂流节""资溪面包国际旅游文化节""白茶文化节""畲族民俗文化节"等一系列节庆活动,积极推动文化和旅游融合发展,形成了以资溪面包为代表的创业文化,以资溪白茶为代表的绿色文化,以南方三年游击战、"资溪事件"为代表的红色文化,以新月村为代表的畲族风情文化,以北宋思想家改革家李觏为代表的人文文化,推进全县旅游产业向深度广度发展。

一、"以点带面"搭起"1+4+N"旅游发展新体系

(一)打造 1 个生态森林旅游龙头

资溪县通过打造大觉山龙头景区,利用高山流水资源,建成"亚洲第一漂"的资溪大峡谷漂流;依山依势,建立起太空步廊、大觉古镇、观光索道等"九天八地"景观游览地。资溪县森林景观面积达 13333 公顷,先后被列为首批国家全域旅游示范区、全国森林旅游示范县、国家森林康养基地。

构建多元化特色景点、依托节庆活动开展旅游推介。一方面,大觉山景区进一步完善原有景点的同时,建设梦幻大觉宫、大觉明珠宫、5D 影院,打造综合性特色旅游景区。另一方面,连续举办漂流赛事,通过大觉山漂流大赛、大觉山漂流节暨避暑露营大会,提高旅游景区的娱乐性和吸引力。成功举办首届江西森林旅游节、承办第五届江西省旅游产业发展大会,坚持常态化举办森林马拉松、森林漂流、山地自行车等各类赛事运动,吸引一大批省内外游客参与节日游玩,体验资溪森林旅游魅力。

探索创新信贷产品方式,破解旅游产业龙头发展融资难题。资溪县经济总量小、缺乏大型信贷业务基础,而旅游产业作为资溪县主导与支柱产业之一,面临建设发展融资困难,如何解决旅游景区这一特殊产业融资成为一时难题。中国工商银行抚州资溪分行,通过调查景区主要业务经营状况、财务状况、景区特定资产状况、偿债能力状况等贷款审查要素,为江西大觉山景区集团有限公司发放"特定资产收费权支持贷款抵押",采用景区门票、索道、游览车和漂流 4 项收入质押和景区已办不动产证的资产抵押,切实解决旅游龙头企业融资需求发展难题。

(二)激活生态文化发展乡村旅游

资溪县以大觉山景区为龙头,以"大觉溪""真相乡村"和 316 国道沿线、马头山省道沿线 4 条精品旅游线路为支撑,打造 N 个乡村旅游点。资溪县积极探索乡村旅游模式,按照旅游园区的发展理念,结合秀美乡村建设,通过流域治理、环境整治、

景观提升等举措，将原来的村落散乱、田地荒芜、沟壑淤塞之地打造成为一幅山、水、林、田、村相融相生的秀美画卷，成功打造了以"多彩山水、恬淡乡野、水墨人文"为主题的大觉溪景区和以"探寻乡村、体验真相"为主题的真相乡村景区。

通过明确定位，规划清晰；多元建设，提升基础，政府投资管基础，客商参与增供给，专项整治促提升；挖掘内涵，唱响品牌；创新机制，优化环境，打造"真相乡村"项目，摸索出了"政府引导、文化搭台、多方参与、市场运作、统筹推进"的乡村旅游产业发展新模式。资溪县通过大觉溪旅游线路建设，推进沿线乡村改造升级，使之"串珠成链"，打造大觉溪为省级乡村旅游综合示范区，带动打造了一批乡村旅游点。通过打造"真相乡村"旅游线路，覆盖4个行政村46个自然村，根据不同村落的文化特征，打造了"一谷四人家"旅游景点，即"野狼谷景区""古雅长兴·美味人家""古韵陈坊·老表人家""古朴草坪·公社人家""古远新月·畲乡人家"，打造了一条集个性化村落体验、田园农事参与、乡野食宿感知、明清文化品鉴等为一体的乡村慢生态旅游景观走廊，打造了一批特色乡村旅游点，形成覆盖全域的乡村旅游体系。同时，积极创建乡村森林公园，推动乡村森林旅游等绿色产业发展，建成陈坊村、新月村、南源村、排上村4个省级乡村森林公园。

二、"旅游＋健康"开创现代康养旅游产业新时代

（一）探索发展"热敏灸"新医养旅游

资溪县通过探索构建"旅游＋健康"的模式，着力开发"旅游＋健康"产品。通过鼓励中草药种植，推动医养结合，全面实施热敏灸进社区、进农村、进景区、进酒店；采取市场化运作模式，探索"热敏灸＋生态旅游""热敏灸＋康养"融合发展，并试点开展"热敏灸"技术推广运用。同时，根据县城南片区地形地貌，挖掘县人民医院资源，成立江西"热敏灸"医院资溪分院，打造了全省首个热敏灸小镇，在6个景区、酒店打造了8间热敏灸体验室，并纳入"两日一夜"旅游线路；建设狮子山养生度假基地、城南颐然养生湾（颐养中心），引进小觉香·康养旅游综合体项目，在高阜镇溪南村成立江西全民康养产业发展有限公司，发展民宿型康养中心，全面推进现代医养旅游的发展。

（二）"康养＋温泉"发展森林温泉旅游

随着我国经济的持续发展和人们旅游观念的不断变化，旅游业正从观光游向休闲度假游转变，国内的休闲度假旅游需求快速增长。资溪县抓住发展机遇，依托法水温

泉资源，打造了温泉康养旅游景点。法水温泉位于资溪县嵩市镇法水村，紧邻316国道和鹰瑞高速，旅游区位优越，是资溪4条精品旅游线路中的支点旅游景区。法水温泉旅游项目包含：牛奶浴、芦荟池、薄荷汤、陈醋汤、人参汤、柠檬池、红酒浴、西施润颜汤、昭君润香汤、貂蝉润白汤，打造了满足多元化需求的温泉旅游项目，能够很好地满足游客休闲、疗养的需求。

（三）打造资溪美丽乡村竹林旅游风景线

一方面，资溪县依托竹林生态资源优势，实施竹三产联动，提升改造"资溪竹科技产业园"，打造集商贸、旅游、康养为一体的竹韵小镇。另一方面，积极打造石峡竹海生态旅游，以石峡林场和石峡云溪村为中心，着力打造健身运动休闲，民宿养生度假为一体的高端又原始的民宿养生运动休闲项目；同时，开发和挖掘竹子文化资源，举办竹海石峡中药康养文化节，发展竹林生态养生旅游。

三、"面包＋旅游"打造工业旅游新卖点

工业旅游包括对工业遗迹、工业场所、工业产品生产过程的参观，也包含对工业文化和文明的体验和感悟，还可积极传承和培育工业文化、工业精神，提升企业品牌文化。工业旅游既是传统工业的补充发展，也是传统旅游的创新开发。资溪县通过构建"面包＋旅游"模式，积极发展以面包旅游为特色的工业旅游。

一方面，资溪县依托"中国面包之乡"品牌优势，把面包产业与旅游产业相结合，建设面包特色小镇、面包食品产业园、全龙面包文化园，成功打造面包食品产业城国家级工业旅游示范基地。举办以面包烘焙大赛、面包产业高峰论坛、烘焙展、面包音乐节等为主要内容的面包文化节活动，让游客实地参观现代烘焙技术从原材料到制成食品的全过程，了解烘焙食品产业链的形成，打造出面包旅游的"新卖点"。另一方面，通过发挥资溪面包连锁优势、规模优势，将资溪面包店打造为资溪旅游的"对外窗口"。通过分布全国各地的近5万人的"资溪面包大军"发放旅游宣传册、购买面包送门票、组织客商观光等方式，在全国各地为资溪旅游"代言"。

四、品牌创建、管理创新、产业配套夯实旅游基底

在旅游品牌创建方面，成功创建御龙湾、真相乡村、大觉溪、野狼谷4个国家4A级景区，打造大觉溪为全省首个"省级乡村旅游综合示范区"。"真相乡村旅游带"、

新月村分别获评"省 5A 级乡村旅游点""省 4A 级乡村旅游点"，乌石新月村、乌石草坪村、马头山永胜村、鹤城大觉山村入选国家级乡村旅游重点村，乌石陈坊村获评省级乡村旅游重点村，乌石镇入选省级乡村旅游重点镇，大觉胜境旅游度假区创建为省级旅游度假区，面包食品产业城获评国家级工业旅游示范基地，"资溪白茶"品牌价值超 7 亿元，打造了一批生态旅游品牌。2019 年 9 月，资溪县成功入选首批国家全域旅游示范区。2023 年 6 月，成功创建江西省"风景独好"旅游名县。在旅游管理方面，探索"1+3"旅游综合管理模式，成立了资溪旅游综合执法中心、设立旅游警察、旅游巡回法庭、市管旅游分局，通过相对集中部门执法事项，大力构建以智慧旅游为核心的服务体系。

资溪县全面推进旅游产业配套设施建设，提升旅游服务能力。首先，推进旅游住宿设施建设，建设了面包之家大酒店、法水温泉宾馆、大觉山商务宾馆等一批四星级酒店，打造了一批星级农家旅馆，其中三星级以上酒店 6 家、民宿 49 家、农家乐 42 家，旅游床位总数达 5600 张以上，极大提升旅游住宿设施条件。其次，引进旅游工艺品企业，设计具有资溪特色旅游工艺品、纪念品。然后，推进旅游公交全线运营、全面覆盖，县城及重点景区沿线房车营地、公共自行车等自驾系统设施设备全布局。最后，发展旅行社，培育一批导游，成立县旅游协会，旅游配套服务不断完善。

五、以"生态美"推动"共同富"

一是通过不断发展生态旅游，资溪旅游综合收入不断提高。2002 年，资溪县 GDP 为 4.262 亿元，到 2022 年 GDP 达 55.7 亿元，其中旅游产业占全县 GDP 比重的 65.5%，绿色经济占 GDP 比重的 90% 以上，全年游客接待量、旅游综合收入均增长 21% 以上，其中大觉山游客接待量增长 40% 以上；资溪全县酒店宾馆入住人次增长约 80%，带动群众收入增长。

二是按照"旅游企业 + 扶贫产业"融合发展的思路，采取固定资产收益、提供就业岗位等措施，发挥景区企业带贫作用，辐射带动扶贫产业发展。通过借力大觉山旅游投资集团有限公司这一优质旅游企业平台，运用资产入股，采取"固定收益 + 分红"的模式，保证每年有不少于 60 万元的固定收益用于帮扶贫困户；同时，整合扶贫资金入股优质旅游项目，进一步带动贫困户增收。大觉山村集体整合 300 万元资金入股花儿写生基地，既带动了研学写生产业发展，又为村集体增收提供稳定的收益渠道，也惠及广大的贫困户。通过政府牵线搭桥，引导涉旅企业优先聘用贫困户务工。此外，旅游企业与贫困户签订劳务用工协议，建立长期稳定的互惠合作机制；贫困户到旅游企业中就业，就地就近参与旅游三产及相关行业发展。如大觉山、大觉溪、御龙湾、法水温泉等景区提供岗位，解决了众多贫困户就业难问题。

三是因地制宜发展民宿、农副产品等乡村旅游产业，带动贫困群众脱贫致富。通过"大觉溪""真相乡村"等乡村精品旅游线路，村级组织运用乡村旅游资源开发权入股或出租土地、房屋，建成了一批精品民宿和旅游业态。草坪村、排上村、新月村、大觉山村等村集体因此每年可获得 5 万～ 10 万元分红。鼓励农户成立专业合作社，开办农家乐，获取经营性收入。截至 2022 年底，在大觉溪、真相乡村沿线已组建了 55 个专业合作社，年户均增收上万元；开办农家乐 15 家，年平均收益达 30 万元。组织农民参与旅游服务和农耕文化展演、畲族民俗演艺，赚取工资性收入，从事旅游服务。

四是依托"康养旅游＋"，带动贫困户脱贫致富。资溪县大力推行康养旅游，打造江西省首个热敏灸小镇：资溪县高阜热敏灸小镇。将热敏灸服务与大觉山、大觉溪、真相乡村、御龙湾、法水温泉等景区旅游观光联合打造，建成温泉疗养与热敏灸康养体验中心、农家灸体验小屋和景区健康商品展示点、中医馆、民宿灸疗体验点等一批具有热敏灸特色的休闲旅游景点。在此基础上，引导村民规模化种植艾草，并逐步推广加大吴茱萸、蔓荆子等中草药品种种植，建立中草药种植基地、推广销售公司，形成"公司＋村集体＋农户（贫困户）"的产业扶贫模式。大力研发艾草面包、手工品、药品、艾灸条、药膳、膏药、喷剂、香囊、药枕等艾草产品，拓宽销售渠道，创造就业岗位，促进群众增收致富。

案例1 "亚洲第一漂"：大觉山风景区

区位优越 环境优美

大觉山景区，位于江西东部抚州市资溪县境内，占地面积 204 平方千米。景区交通便利，316 国道从门口通过，鹰厦铁路资溪站距景区仅 7.5 千米，与福建光泽交接，东靠福建武夷山风景区 130 千米，西接福建泰宁大金湖风景区 150 千米，

图 13-4　大觉山漂流

北邻江西龙虎山风景区 70 千米，拥有良好的旅游区位优势。景区内汇集各类植物达 1498 种，并有 40 余种一、二级国家名贵保护动植物，被专家誉为"天然氧吧""动植物基因库"，获评为"中国最佳生态休闲旅游胜地"。

自然景观丰富　人文景观独特

景区景点分为东、西两大片区。东区以生态保护为主，西区适度旅游开发。东区以浩瀚如海的原始森林为主体构成，拥有原始森林独轨观光、高山湖泊、森林云海、蜿蜒崎岖的小溪、古朴典雅的小桥流水、轻纱千丈的云海、飞流直泻的银河瀑布等旅游项目。西区以迄今已 1600 余年的宗教文化特色为主体构成，拥有瀑布观景台、古艺术亭阁、高山湖泊观光、大峡谷漂流、索道、九天、八地、百景观、大觉寺、太空步廊、大觉者等旅游项目，形成大觉寺、大觉者、大觉明珠宫、森林观光、漂流探险为主导的旅游特色。大觉山是大自然和原生态的完美结晶，是自然生态和神奇、神秘、神圣的佛教文化旅游景区。

专业化管理　特色化发展

成立了大觉山旅游投资集团有限公司，全面主导景区的建设、运营、管理，实现了市场化运营。景区科学有序推进开发与维护，建设标准化运行管理体系，通过生态环境监测点，每天在景区门口播报当日景区温度、湿度、风速、负氧离子和噪声等监测信息；完善旅游道路、生态停车场、旅游厕所、标识标牌等基础设施建设，有效缓解观光旅游生态环境压力。同时，挖掘自然文化，提升服务品质。大觉山以良好的森林资源、人文特色、水系文章，以及独特的规划理念、工匠的建设精神，深入挖掘自然文化资源，出版《大觉山志》。通过累计投资 10 亿元，建成全长 3.6 千米号称"亚洲第一漂"的原始森林大峡谷漂流和太空步廊、大觉古镇、观光索道、八仙阁、大觉神女、大觉岩寺等"九天八地"景观，形成"神山圣水、觉者天堂"的品牌形象，是集文化博览、探险旅游、养生体验、娱乐休闲为一体的国内首个以大觉文化为主题的旅游景区。同时，为进一步提升景区旅游品质，新增投资 9.6 亿余元，建设独轨观光车、飞拉达、冰雪大世界、钟鼓楼、梦幻大觉宫。

延长产业链条　提升辐射效益

大觉山景区全面推进大觉山酒店、国际会议中心，优化景区及辐射范围内村镇环境，带动群众致富。把周边贫困村纳入统一规划、统一建设、统一营销，提升景区对周边村的带动力。通过大觉山景区基础设施建设、旅游环境提升等工作，既满足了游客参观游览所需，也满足了群众生产生活所需，群众生产生活环境极大改善，促进了资溪全域旅游高质量快速发展，拓宽了群众增收致富渠道。借助大觉山优质旅游产业平台优势，采取资产入股，"固定收益＋分红"的模式，保证每年有 60 万元以上的固定收益用于帮扶贫困户。依托大觉山核心景区，开发特色产品，打造精品线路，建设美丽乡村，带动相关行业人员参与休闲服务、餐饮民宿、特色产品等行业，引导帮助附近农民开设农家乐、农耕文化体验、蔬果采摘、帮助贫困农户免费提供景区店铺等多项旅游配套服务，吸纳贫困户参与旅游服务岗位，探索旅游产业链扶贫模式，形成观特色景、吃农家饭、住农家院的旅游产业链条，实现贫困人口增收在旅游产业发展中的全过程受益。

案例2 全省特色康养名片：高阜"热敏灸"小镇

图 13-5 高阜热敏灸小镇揭牌仪式

疗法独创 医效俱佳

"热敏灸"是传统中医艾灸的传承与发展，是江西中医药大学教授陈日新带领团队在传统中医艾灸的基础上，历时 30 年的科学研究成果，创立的一种悬灸热敏态穴位的新疗法——腧穴热敏化艾灸疗法，简称"热敏灸"。该疗法采用点燃的艾草产生的艾热悬灸热敏态穴位，激发热敏灸感和经气传导，对慢性病、亚健康调理具有不可替代的独特优势，使用效果好、无副作用、易掌握、费用低，获得江西省科技进步奖一等奖、国家科技进步奖二等奖。

校地联合 特色鲜明

资溪县通过与江西中医药大学联合，在高阜镇建设了全省首个"热敏灸"小镇，已建成"热敏灸"学习、体验、保健一站式服务的"热敏灸"体验中心和集旅游康养为一体的"热敏灸"养生堂。"热敏灸小镇"的建立，是校地双方加强合作的体现，为进一步探索热敏灸全民推广应用的好经验、好做法，进一步探索"健康江西"建设的新途径、新模式提供了现实基础。

扎根高阜　造福乡民

依仗承接省城南昌的地利之便，高阜镇党委、政府和江西中医药大学洽谈、合作，达成共识，投资近800万元共建热敏灸示范乡镇，大力开展热敏灸小镇创建活动，造福百姓，热敏灸的"种子"深深扎根高阜。截至目前，在高阜镇已有9个村设立热敏灸体验室，供村民免费使用。在高阜镇热敏灸知晓率已高达92%，使用率超过63%。热敏灸技术的推广使用，使得高阜城乡居民医保报销申请次数、贫困户医保报销比例、医疗费用支出均下降，切实减少了当地居民的医疗费用支出，提升了当地百姓的幸福指数。

案例3　"以河带村"打造大觉溪田园综合体

图 13-6　大觉溪乡村（南源民宿）

区位优越

大觉溪田园综合体，东西两端接5A级大觉山景区和资溪高速出入口，位于资溪县游客集散中心西侧，距离县城5千米，毗邻福建省光泽县，地理位置优越。

范围广　业态全

大觉溪田园综合体，东西两端连接大觉山景区和资溪高速出入口，南北两侧有连绵山峦星罗棋布，中间是大觉溪穿插而过，串联沿线3个行政村14个自然村，全长7.3千米，覆盖面积约40平方千米，点、线、面结合，形成了"一带三段十三聚落"的结构布局。一带是大觉溪景观带，三段是多彩山水活力段、恬淡乡野生活段、水墨人文诗画段，十三聚落指以自然村落为中心的秀美乡村。漫步在大觉溪或骑行穿越其中，经游客服务中心、面包文化广场、7个驿站、4个亲水平台、9个生态景观坝、13个特色业态、14个精品村、各式休闲农庄、现代设施农业，一幅田园轻休闲、步道慢生活、村落古驿站的秀美画卷徐徐展开，醉人心脾。

一溪六园九区十五铺全布局

一溪：指大觉溪。六园：大觉溪和大觉山大道6个采摘园，其中3个葡萄采摘园、1个西瓜采摘园、2个水果采摘园；绿庄葡萄园、大觉山葡萄庄园、排上葡萄园、百果园、火龙果采摘园、大觉山西瓜采摘园。九区：面包广场文化区、房车露营游玩区、特色火车乡愁区、美食广场品尝区、农耕文化体验区、资溪印象专营区、写生基地创作区、康熊基地娱乐区。十五铺：大觉溪和大觉山大道的15家农家乐。

思路明　带动强

大觉溪田园综合体的建设是按照"望得见山，看得见水，记得住乡愁"的设计思路，深入践行"绿水青山就是金山银山"理念，将大觉溪打造成了江西省乡村旅游综合示范区，最后把平台变成实体、实体变成资本，变成乡村振兴的样板，逐步实现了从建设美丽乡村到发展美丽经济的转变。集循环农业、创意农业、农事体验于一体的田园综合体，通过农业综合开发、农村综合改革转移支付等渠道开展试点示范。建设田园综合体对于解决城乡二元化结构和"三农"问题，对于解决农村经济发展、构建未来城乡形态等关系经济社会发展的重大问题，具有重要现实意义。田园综合体是集现代农业、休闲旅游、田园社区为一体的综合发展模式，可以满足三个产业相互渗透融合的新动向，是在城乡一体格局下，顺应农村供给侧结构性改革、新型产业发展，结合农村产权制度改革，实现中国乡村现代化、新型城镇化、社会经济全面发展的一种可持续性模式。大觉溪田园综合体利用基础优势建设田园综合体有助于实现三村现代化、城镇化发展，带动周边村及周边区域社会经济发展。

第十四章 "价值试点"打开生态产业化转化通道

当前资溪县充分发挥自身的生态资源优势，积极探索生态资源转化为经济优势、社会优势的机制路径，正体现了生态产业化的理念。

第一节 践行"两山"理念留存生态"本金"

一、"两山"理念推动"生态立县"蜕变升级

早在 2002 年，资溪县就确立了"生态立县"的发展战略，之后不断完善升华；2006 年升级为"生态立县·绿色发展"战略，2016 年升级为"生态立县·旅游强县·绿色发展"战略，2020 年再次升级为"生态立县·产业强县·科技引领·绿色发展"战略。资溪县通过关停污染企业、压减耗能企业、升级加工企业的思路，全面转向发展生态绿色产业，同时全面加强生态资源的保护，实施"四最工程"，全面贯彻"生态立县"这一发展战略。推进"山、河、路长制"升级，全县每一座山、每一条河、每一条公路都设立专门的"长"负责，实现从管理到治理的升级。

二、以产业绿色转型实现"守绿换金"

资溪县通过果断退出山羊养殖、食用菌培育及花岗岩开采等不利于生态保护的产业，大力发展旅游产业、低碳工业、有机休闲农业、现代旅居（康养）产业四大绿色主导产业，贯彻落实"绿色发展"战略。以生态旅游为首位，构建了"1+4+N"全域旅游格局，发展生态森林乡村旅游；以面包食品产业、竹科技产业为主导发展低碳工业；探索构建"农业＋旅游""有机＋农业"模式，发展有机休闲农业；探索构建"农业＋中药""森林＋旅游"的模式，发展现代旅居（康养）产业。

案例1 "绿色坚守"赢来"生态红利"

关闭高污染企业 淘汰落后产能

2002年，资溪县确立"生态立县·绿色发展"的战略，到2023年历经21年精心呵护，"纯净资溪"生态品牌深入人心，以面包食品为首位产业、竹木科技为主导产业，生态旅游、现代农业等为重点产业的生态产业体系所创绿色产值占全县GDP的90%以上。资溪县虽有环境容量，可以选择引进一些快速提高财政收入、污染较小的企业，但资溪始终坚持走绿色、低碳、可持续发展之路，积极探索生态产品价值实现新机制。多年来，资溪县坚决拒绝与发展生态旅游不相符的产业项目，累计减少投资300多亿元。

工业三年倍增 壮大绿色工业

资溪县为壮大绿色工业，出台工业三年倍增行动实施方案，以加强科研平台建设、鼓励加大科研投入、支持企业智能发展为主线，实施科技创新工程，聚力发展面包食品和竹木科技两大主导产业，并由县委书记和县长分别担任两个产业链链长，高位推动产业发展。资溪县以实施工业发展三年倍增计划为突破口，动员全县上下牢固树立"大抓工业、抓大产业"导向，推动全县工业总量、质量双量提升，为"十四五"开好局、起好步，加快推动资溪高质量发展打下坚实基础。资溪县更加注重科技创新，不断做优做强园区，全力抓好招商引资，加快推进项目建设，持续优化营商环境，以格局决定全局，全面提升全县工业发展的总量和质量。

截至2021年11月底，资溪面包科技公司新增直营店、加盟店140余家，肉松厂、烘焙厂、冷冻面团厂等知名企业纷纷进驻投产，为资溪面包食品产业延链强链注入全新活力。同时，资溪县积极引进圣农集团总投资4亿元的大型祖代种鸡项目，该项目建成后将成为全国第一家具有自主知识产权的白羽肉鸡祖代种鸡饲养和父母代种鸡繁育基地。又通过校企科技创新合作，引进竹家具数字化生产线和高端智能化竹工机械生产线入园，为竹产业链高质量发展插上"科技翅膀"。此外，资溪县还通过不断丰富旅游业态，举办各种节庆、赛事活动，推动文化和旅游融合发展。

案例2　"绿色融合"打造"生态标杆"

图 14-1　精致山城

近年来，资溪县加快建设精致山城，大力提升生态环境，健全制度体系，着力打造生态标杆，并取得良好成效。

建设精致山城

资溪县围绕建设"功能完善、特色鲜明、产城融合、显山露水"的美丽县城总体目标，统筹谋划"一核一镇三景区"城市格局和"一心一带三横三纵"的城市空间布局，形成城东、城南、城西、城北、城中五大板块，重点实施泸溪河两岸绿化景观提升和启动泰伯公园改造提升，彰显"生态王国"的山水特色、百越文化的建筑特色。

建设美丽乡村

全面完成生态小城镇总体规划修编，突出产城融合。高阜镇围绕配套毛竹集中加工区建设，打造一二三产融合发展示范镇；嵩市镇结合现代农业科技示范园建设，打造有机小镇；马头山镇结合马头山景区开发，打造森林小镇；乌石镇结合"真相乡村"精品旅游线路建设，打造旅游风情商贸小镇。

提升生态环境

深入推进城乡环境综合整治，开展生态治理植被恢复。坚持"山水林田湖草"生命共同体理念，加快推进泸溪河、欧溪河流域生态保护及综合治理工程。推进"最美森林之乡"建设，完成高速公路沿线绿化彩化提升工程。

健全制度体系

深入推进国家重点生态功能区建设，严格落实产业准入负面清单制度，加强空间规划协调，探索实行国民经济社会发展、城乡建设、土地利用、环境保护、旅游开发等规划的"多规合一"，严守生态保护红线，探索实行生态环境领域行政执法相对集中的执法机制，从严保护环境。不断完善领导干部自然资源资产离任审计制度，健全生态文明建设绩效考核和责任追究制度体系。

第二节 "资源融通"探索生态产品价值实现新路径

一、打造"四最工程"，探索生态资源转化为生态资产新路径

一是实施"最优森林"工程，探索森林资源转化途径。资溪县通过实施森林质量提升工程，严格落实公益林、天然林保护，着力抓好人工商品林经营，实施毛竹林低产林改造，打造资溪毛竹综合示范基地。依托自然保护区、森林公园、湿地公园，把资溪生物多样性优势转变为旅游资源多样性优势，大力发展森林旅游、森林康养等林业新兴产业，探索森林资源转化新路径。

二是实施"最净溪河"工程，探索流域生态资源转化途径。实施全县流域综合整治提升工程，打造中国南方特色亲水型"流水人家"，做亮"赣信闽三江源"水系品牌，开发高山水源地观光和观景点。在县城新建方家山饮用水源地，全县集镇、农村按照"延并结合，大小相宜"的原则，规划确定优质水源地和自来水厂，重点推进供

水工程规范化建设和管理。

三是实施"最美山城"工程，探索特色山城资源转化途径。资溪县突出山水特色，落实精致理念，确立"东拓、西优、北扩、南延"发展思路和"一心一廊四片区"发展格局，按照产城景融合发展路径，加快打造精美山水田园县城。以泰伯公园为生态绿心，以大觉溪、泸溪河为生态绿廊，以老城区为综合服务片区，东部向大觉溪乡村旅游带拓展，融合旅游发展；西部与九龙湖、方家山衔接，优化城市功能；北部与面包食品产业城对接，集聚特色产业；南部向旅居康养功能延伸，提升城市品质。积极丰富大觉溪乡村旅游业态，大力推进面包食品产业城、九龙湖改造升级、泰伯景区提升改造、"一河两岸"旧城改造、老旧小区改造等重点项目建设，探索山城生态资源转化新路径。

四是实施"最真乡村"工程，探索乡村资源转化途径。资溪县以县域村镇分布为依据，全面提升村庄规划建设与环境整治，把旅游线路、旅游景区及国省道沿途乡村规划建设上升到景区规划建设，整体考虑色彩、风格、特色，塑造茶成线、菜成园、果成片、花成海、稻成景、树成林的"红绿相间"独特乡村风貌。注重乔灌草花果搭配，点、线、面结合打造形成绕城、绕乡、绕村、绕景区、绕区域的多个环线景观廊道。启动乡村森林公园建设，探索乡村文化与生态资源转化新路径。

二、发展"五大产业"，探索资源优势转化为产业优势新路径

（一）突出生态旅游首位产业

资溪县依托县域内优质的生态资源，通过不断做大做强大觉山龙头景区，集中力量完善提升真相乡村、大觉溪精品旅游区，推动九龙湖加快完成破产清算、重组开发，提升御龙湾、法水温泉景区品质，探索PPP模式推动马头山、方家山景区开发，以点带面加快316国道、马头山沿线精品旅游线路规划建设，构建了"1+4+N"全域旅游发展格局。围绕"吃、住、行、游、购、娱"旅游六要素和"商、养、学、闲、情、奇"新旅游六要素，打造大觉溪夜游项目，更好发展写生游、研学游、知青怀旧游、公司团建游等新型旅游业态。通过构建全方位立体式旅游营销矩阵，鼓励全民营销，创新网络营销，提升节庆营销，提升资溪旅游的知名度，上下探索生态资源转化为旅游产业的发展的生产要素的途径。

（二）主攻面包食品产业发展

资溪县通过发挥"资溪面包"30余年的创业积累，按照"工业+旅游"思路，加快建设面包食品产业城，打造"产城景"融合的面包小镇，成为资溪县"产业新引擎、园区新窗口、旅游新热点"，助推生态产品价值实现。培育"资溪面包"品牌，大力推进"资溪面包"门店整合，推动"资溪面包"品牌连锁数量再突破，进一步做大面包产业总部经济，加大集中采购整合力度。合理开发利用面包食品产业城规划范围内山、水、林、田、湖等资源，按照5A级景区标准建设园区道路、管网、物流园、亮化绿化等基础设施，探索生态资源转化为工业发展的生产要素的路径与机制。

（三）主攻竹科技产业发展

资溪县依托50多万亩毛竹资源优势，通过加大毛竹资源培育和笋竹两用林建设力度，推动毛竹原料由"量"向"量质并举"转变，完善毛竹林基础设施建设，试点建立覆盖全县及周边县（市）毛竹交易智慧平台。突出专业建园、科技立园、文化兴园，建设资溪（高阜）竹科技产业园，打造竹梦小镇。发挥江西竺尚竹业等龙头企业作用，推进入园企业达产达标，打造"中国户外高性能竹材制造基地"，构建了一条林业资源转化为竹科技工业的路径。

（四）发展特色有机休闲农业

资溪县确立"一核四区多节点"的规划布局全面推进嵩市、马头山有机农业科技示范园和乌石农业科技博览园等重点农业项目建设，每个乡镇至少打造1处农业休闲观光庄园。大力开展农业产业化招商，引进龙头企业发展"两特一游"，通过"公司+合作社+农户"推动农业产业化、标准化、规模化、市场化。做大做强资溪白茶品牌，建立完善的有机农产品标准体系，并成功创建"国家有机产品认证示范区"，探索出一条传统农业资源转化为高附加值生态有机农业的路径。

（五）发展现代旅居（康养）新产业

资溪县通过充分利用绿色、生态、文化、景区、温泉等独特资源，引进一批质量品牌过硬、社会信用好的知名企业，参与现代旅居（康养）产业发展。全面推进建设狮子山养生养老基地、香草花海康养旅游综合体等建设试营，发展民宿产业。大力培育中医药养生保健、健康休闲、特色健康管理等康养新业态，与旅游、文化、中医药、教育结合起来，打造了一批中医药健康养生养老的名院、名馆、名医、名药，构建健康养生养老产业体系，形成了一条优质环境资源转化为现代康养旅游产业的路径。

三、挖掘"六类文化"，探索人文资源转化为发展优势新路径

（一）彰显"纯净资溪"山水特色

通过突出"纯净资溪"定位，挖掘生态文化，做好治山理水、显山露水文章，打造多彩山野、美丽田野、魅力乡野，建设中国最具野性、野趣的生态旅游目的地。打造百越文化遗存地、马头山原始森林、大觉文化等特色牌，充分挖掘全县自然和人文的秘境元素，打造"夜森林""夜田园"等"夜资溪"灯光秀项目，给人以"纯净资溪、秘境之旅"的向往和遐想，探索出一条生态文化资源转化为生态旅游产业发展要素的路径。

（二）塑造"面包之乡"创业典范

资溪县通过全面梳理资溪面包的创业史、发展史，充分挖掘"敢闯天下、勤劳诚信、团结互助、勇于创新"的面包创业文化，创作反映资溪面包人创业史的《像我们一样奋斗》电视剧，并在央视频道播出。通过完善面包文化广场 ID，在建设严陂村面包民宿体验街区、面包小镇、面包食品产业城中充分植入面包文化元素，打造游客领略资溪创业文化的场所，构建出一条特色区域产业文化转化为工业发展要素的新路径。

（三）挖掘"开明开放"文化品性

资溪县通过全面梳理资溪人群聚集定居脉络，理清资溪移民人员构成，挖掘政策移民、自主移民等各移民文化，打造一处移民博物馆，立体式展示资溪民族聚集和迁徙定居的历史，让人直观感受资溪多元文化交织融合逐渐形成开明开放、兼收并蓄的独特品性，提升资溪整体对外形象。做精草坪"公社人家"品牌，打造一批原汁原味的早期移民居住点、工作场、纪念地，激起"两江"移民、下乡知青、林场工人和鹰厦线铁路、316 国道的修建者等一大批在资溪奋斗过又离开资溪人员对资溪的回忆，吸引其携带家属等回到资溪旅居、养老、休闲。

（四）开发"特色竹乡"创意产品

通过建设集竹展示馆、集散中心、竹公园、研发中心为一体的高阜竹梦小镇，积极引进毛竹研发、竹文化创意、竹旅游配套、竹产品展示等生产生活性配套产业。发展以竹海观光、竹林农家乐体验等竹林景观利用景点，同时建设竹剧场，推广运用大庄竹业等企业新型竹板材材料，编排《纯净资溪》实景演出及系列文艺演出节目。

（五）传承"革命老区"红色基因

资溪县通过围绕"资溪事件"，以"保卫局""老中心县委"为载体，着力打造

一个具有纪念性、教育性、展示性和引导性为一体的红色旅游基地，塑造红色文化符号。梳理整合全县革命旧址、红色标语、苏区文物等红色资源，实行数字化管理，建立线上网络展示平台，实现智能导览。充分挖掘邵式平、方志纯等同志先进事迹，推动革命传统教育进课堂进教材、英模人物挂像进校园进社区活动，讲好革命文物故事，鼓励学校、党校到革命旧址、中央苏区纪念馆开展现场教学。推动资溪县博物馆申报省级"国防教育基地"，举办红色体验实践、红色经典诵读、红歌传唱、红色影片观影等多种形式的红色主题教育活动，让苏区文化深入人心，苏区精神发扬光大，探索了一条红色文化资源转化为发展红色旅游与红色教育的路径。

（六）接续"百越遗存"文化传承

资溪县充分挖掘百越文化遗存，接续百越文化传承，挖掘传统村落的文化遗产价值，开展古村落历史和传统文化主题活动，充分挖掘古村落旅游价值。梳理提炼百越文化元素，编制完善农民建房图集，广泛运用于美丽乡村建设，打造全县具有统一文化传承，又各具特色且符合现代审美理念的秀美乡村画卷。打造传统文化创意产品，开发资溪特色民间美食。全面梳理民俗民风，编排百越特色文化节目，推进"非遗"进校园、进景区、进商圈等活动。开发建设畲族特色旅游文化村寨，完成"畲家文化工作室"的建设，开展畲族特色活动，探索了一条传统民族文化资源转化为发展特色民族乡村旅游的路径。

四、实施"1+N"品牌计划，探索品牌优势转化为经济优势新路径

（一）打造"纯净资溪"区域公用品牌

资溪县通过公司化运作、企业化管理、品牌化运营"纯净资溪"区域公用品牌，编制"纯净资溪"公用品牌战略规划，对品牌命名、定位、理念、符号系统、渠道构建、传播策略等进行全面策划；制定区域公用品牌的管理标准、认证标准、使用标准，提升区域公用品牌认证的权威性；建立产品质量保证体系、专业人才保障体系、区域品牌保护体系，通过立体化宣传推动区域公用品牌市场化运用，努力把"纯净资溪"打造成地方"金字招牌"，争取成为全省全国精品区域公用品牌。

（二）打造N个"纯净资溪"子品牌

资溪县采取"母子品牌"的运作方式，在申报注册"纯净资溪"区域公用品牌基础上，实施"资溪面包""资溪白茶""资溪山泉""资溪山珍"等子品牌培育

工程，建立"区域公用品牌＋单一产业品牌＋企业专属品牌"生态产品价值实现品牌体系。依托"纯净资溪"区域公用品牌，发挥龙头企业优势，制定体现政府权威性、行业约束性、市场灵活性的品牌培育机制，采取政策引导、市场运作，激励与自律相结合等措施，培育壮大企业、合作社、家庭农场等品牌创建主体，形成产业集群。

案例1　"民族文化＋乡村旅游"打造古远新月·畲乡人家

乌石镇的新月畲族村，以"古远新月·畲乡人家"为发展特色，大力发展畲族绿化苗木、畲族观光产业、畲族"金牌"旅游，将该村打造为"江西省生态文明示范基地"、江西省5A级乡村旅游点和入选首批全国乡村旅游重点村名录，在民族团结进步中谱写村强民富新篇章。

发展畲族观光产业

该村通过积极融入全镇建设"纯净资溪·真相乡村"精品旅游风光带规划，注重民俗文化与旅游、自然生态与旅游、农耕体验与旅游相结合。通过引项目引资金，先后建设了山哈广场、游客服务中心和停车场、环村旅游公路、回龙山游步道、"山哈小筑"精品畲族民宿以及畲酒、畲茶、畲药馆等，旅游基础设施日趋完善。

打造畲族"金牌"旅游名片

该村以畲乡文化为核心吸引，"纯净资溪、新月村"为总体目标，建设集个性化村落、文化品鉴、田园农事参与、乡野食宿感知、多元旅游产品体验以及典型开发示范、旅游景观示范、周边景区配套等多种功能于一体的综合性特色乡村旅游示范点。通过连续举办新月畲族民俗文化节，打造"支部牵线搭台、集体资金入股、党员带头引领、群众自愿参与、利益合作共享"的"党建＋旅游"模式，成立新月村乡村旅游公司，通过盘活集体资产和少数民族特色资源，深入挖掘畲族山歌、服饰、饮食、武术等民族文化，开发畲族民俗生活体验、民族风情表演、民间祭祀探秘、婚嫁民俗互动等旅游项目。村党支部以"保护民族特色，弘扬传统文化，盘活民俗资源，展现畲乡名片"为目标，成立新月村畲族民俗文化协会，内设畲乡文化研究会和民俗文化表演队，深入挖掘畲族文化内涵，合理设计旅游产品，变民俗文化优势为乡村旅游优势。

助力乡村振兴

新月畲村通过引导村民在自家开设农家乐餐馆、民宿、小卖部、养蜂基地、生态菜园等，解决了约320名村民实现家门口就业，拓宽了村民的就业渠道，直接吸纳劳动就业人数超过223人，其中本村的居民超过85.2%，解决了当地80余贫困人口的就业，实现了旅游扶贫，帮助农村贫困人口脱贫致富。同时也解决了当地农村留守妇女在家门口就业的问题，获取经济收入。达到年接待游客50万人次，旅游综合收入达到2000余万元。

案例2　双重营销打造"纯净资溪"区域公共品牌

图 14-2　纯净资溪自行车主题赛事

近年来，资溪县不断创新营销方式，大力宣传推介"纯净资溪"绿色风景线，致力于打造区域性乃至全国最美生态旅游目的地，争做"美丽中国"先行者，使"纯净资溪"品牌影响力持续升温。

广告营销举起"纯净资溪"新品牌

一直以来，资溪县非常重视形象推广工作。为增强视觉冲击力，资溪县在央视新闻频道《朝闻天下》、江西卫视《天气预报》等强势媒体精品栏目连续播放了专题广告，在昌九、沪昆、济广等高速公路旁制作了20多块高炮广告牌，在多个高速公路互通及资溪高速出口处增设旅游景区导示牌。

新媒体智慧营销架起区域品牌创建新途径

近年来，资溪县与时俱进，开通并运营了官方微博、APP应用整合平台以及公众微信平台，与多家知名网站进行合作，策划深度专题报道，"中国首家生态养生温泉""大觉山漂流""马头山原始森林"等关键词在网上广为流传。"中国资溪首届大觉山国际生态旅游节""带着微博去资溪"等活动使"养在深闺人未识"的资溪县迅速成为社会关注的热点。"资溪迎宾不用酒，捧出绿色就醉人"。

第三节 "多方聚力"建起生态产品价值实现支撑体系

一、建立生态文明建设政策资金支撑体系

通过用好国家生态文明建设示范县、国家重点生态功能区、国家生态综合补偿试点县、原中央苏区县、西部政策延伸县政策，多方面全方位争取上级政策项目支持。一方面，紧扣当前国家、省、市规划编制，强化与上对接汇报，先行谋划包装项目，做实做优重大项目储备库，最大限度地争取项目资金、政策扶持资金和重大平台建设支持。另一方面，紧盯国家投资导向、产业政策，抓住当前国家大力部署开展实施城镇老旧小区

改造、城市停车场、城乡冷链物流等补短板工程，精准化、精细化、专业化做好项目前期工作，高水平谋划一批基础设施、城市建设、民生领域补短板项目落地。

二、建立生态保护与环境治理支撑体系

通过加强生态文明制度体系建设，完善目标评价考核、责任终身追究、生态综合执法和生态司法等制度，用最严格的制度来保护生态环境。大力实施生态治理工程，扎实开展流域综合整治提升试点，全面推进县域内泸溪河、欧溪河改造提升。规划建设华南虎繁育及野化训练基地。加快推进"沙苑泉坑片区"的环境综合治理及生态产品价值实现示范工程，探索兼具资溪特色和推广价值的"生态修复＋绿色产业发展"长江大保护创新模式。

三、打造互联互通的基础设施支撑体系

资溪县通过积极争取国家将贵溪经资溪过黎川至建宁高速公路列入国家"十四五"高速公路规划，并给予资金支持。争取国家对资溪S207省道瑞杨线升级改造项目及资溪"红色旅游＋扶贫公路"项目的支持，打造龙虎山、大觉山和武夷山黄金三角生态旅游圈，进一步畅通资溪与外界联系的交通联系，完善基础设施支撑。

四、搭建"智慧资溪"生态大数据支撑体系

通过运用物联网、人工智能、区块链等前沿技术，整合分散在林业、水利、自然资源等部门的山、水、林、田、茶、集体用地、农村闲置住房等资源数据，绘制资溪县生态资源资产"一张图"。同时，融入文旅资源，融合大气、土壤、危险废物等各类生态环境数据，形成集生态环境展示、生态状况预警、生态应急处置、生态标准认证、生态数据应用、生态信用建设于一体的生态大数据平台，对生态资源资产实行智能管理。

五、构建特色生态信用制度支撑体系

资溪县通过结合社会信用体系建设试点工作，探索建立企业生态信用评价机制和使用机制，将生态产品价值纳入金融支持全流程，对生态信用良好的客户予以优先授信、优先放贷、优先支持。加强企业环境信息披露和环境信用评价，探索建立企业和

自然人的生态信用档案、正负面清单，对破坏生态环境、超过资源环境承载能力开发等行为纳入失信范围，将环境信用评价结果与企业、个人授信挂钩。依据评价结果实施分级分类监管。探索建立生态信用行为与金融信贷、行政审批、医疗保险、社会救助等挂钩的联动奖惩机制。同时，资溪县还加强政务诚信建设，依托"信用资溪"网站等平台，探索将政府部门和公职人员在生态保护和环境治理工作中因违法违规、失信违约被司法判决、行政处罚、纪律处分、问责处理等的信息纳入政务失信记录，归集到县信用信息平台，实现依法依规逐步公开。

六、构建市场化的服务支撑体系

构建生态产品物流网络，鼓励有条件的企业建立生鲜物流配送中心，推动各类物流企业把服务网点延伸到乡村，实现生态产品产地和消费市场物流的高效对接。探索基于大数据社会化协同管理服务，利用"智慧资溪"平台，提升商贸、金融、物流、文化、旅游等行业社会服务能力，建立林业、水利、生态环境、地质灾害等防灾、减灾、避灾应急体系。

七、构建科技人才支撑体系

资溪县全面深化与中国科学院、南京林业大学、南昌大学、江西财经大学等高等院校和科研机构合作，建立交流合作长效机制，构筑绿色科技创新产学研一体化和科技创新成果产业化技术支撑体系。深入实施"智汇资溪双千计划"，引进生态产品价值实现领域的高层次人才和团队，为生态产品价值实现提供决策参考和技术支持。通过挂职交流、项目合作等方式，培育提升生态产品价值实现领域相关人员的能力与水平。

八、构建全社会共建共享支撑体系

通过树立健康的低碳生活方式和科学的消费理念，鼓励生活垃圾分类、绿色出行等绿色低碳生活方式，充分发挥社会各界创新实践的积极性，推动生态文化进机关、进企业、进学校、进社区，加快形成绿色价值观、消费观、发展观。充分发挥各类媒体的宣传主阵地作用，深入解读和宣传生态产品价值实现机制的内涵和目标，积极宣传试点建设进展和成果，报道各地各部门的好经验、好做法，为建立生态产品价值实现机制提供良好社会环境。

第十五章

绿色金融架起"两山"转化"资本桥梁"

资溪县以林权及其收益权和农地经营权抵押质押贷款("两权"抵质押贷款)为突破口，开展生态资源所有权、经营权抵质押融资创新，探索多形式、多渠道的生态资源抵押贷款模式，打通生态资本融资渠道，扩大抵押融资规模，盘活生态资产，为生态产品价值实现提供金融解决方案，发展绿色金融，通过生态产品市场化，实现生态产品的资本赋能。

第一节 开通"政策通道"唤醒"沉睡资产"

一、政府主导打通"两权"抵押贷款政策通道

资溪县把"两权"抵押贷款试点工作作为生态产品价值实现机制试点和国家生态综合补偿试点重要内容，统一调度，整体推进。

一是多方精心部署。制定了《资溪县关于开展生态产品价值实现机制试点全力打造"纯净资溪"的实施意见》，将"两权"抵押作为重要内容，先后出台《资溪县金融支持生态产品价值实现实施方案》《资溪县"两权"抵（质）押贷款试点实施方案》《资溪县公益林和天然商品林补偿收益权质押贷款管理办法（试行）》《资溪县林权代偿收储担保管理办法（试行）》等文件，明确目标、落实责任分工。

二是建立定期调度机制。成立由县长担任组长的"两权"抵（质）押贷款试点工作领导小组，组建由 24 个相关职能部门和金融机构人员构成的"工作专班"。定期召开"两权"抵押贷款融资对接会和工作调度会，并表格式量化单位职责和任务，制定工作推进表、两权完成情况统计表，金融机构之间任务横向比，兄弟县区纵向比，抓进度抓评比，全力推进"两权"抵押贷款试点工作。

三是确保"两权"试点落到实处。资溪县通过全面开展需求普查工作，推动"两权"抵质押贷款落实到具体经营主体。由资溪县人民银行专门设计了"两权"融资需求调查表，对全县相关企业、个体工商户、林农以及农户融资需求进行情况调查，实

现贷款授信全覆盖。由县林业局、农业农村局提供全县"两权"经营主体信息档案，整合多方面的信息情况，建立"两权"抵押信息数据库，解决信息不对称的问题。

二、建立"两权"融资风险防范及补偿机制

资溪县通过出台《林权代偿收储担保管理办法》，为林权抵押融资提供"代偿性收储担保"。出台《资溪县"两山"转化中心生态产品抵质押贷款风险补偿金实施方案》，设立生态产品抵质押贷款风险补偿金，发挥财政性资金在促进生态产业融资中的杠杆和风险保障作用。

一是建立三级财政预算支持风险补偿金机制。资溪县生态产品抵质押贷款风险补偿金被纳入省、市、县（区）三级财政预算安排，用于补偿合作银行在发放"两山"转化中心生态产品抵质押贷款过程中所发生的贷款损失，同时风险补偿金产生的银行存款利息一并纳入风险补偿金专户管理。

二是遵循"即时清算，有限责任"的操作原则。"即时清算"是指1个年度内，合作银行每发放一笔贷款，将贷款企业名单及相关佐证材料报至县领导小组办公室备案，县财政即按贷款额的八分之一配置生态产品"权证"抵押贷款风险补偿金，存入资溪县泰丰自然资源经营有限公司在合作银行开设的专用账户。经营主体偿还贷款后，合作银行将风险补偿金归还财政风险补偿金账户。"有限责任"是指无论贷款是否本年度发放，只要在本年内发生不良，就由本年度风险补偿金额度弥补不良贷款本金80%，合作银行承担不良贷款本金的20%，超出本年度风险补偿金部分，由合作银行承担。若出现贷款逾期跨年度问题，仍由贷款逾期发生日所在年度风险补偿金承担。

三、多方面发力打通绿色间接融资通道

（一）建立绿色信贷组织管理机制

资溪县要求各银行机构围绕生态产业体系，制定绿色信贷发展战略、完善绿色信贷管理制度，将环境和社会风险因素纳入贷款授信、审查审批、贷款管理全流程；建立适合绿色项目授信特点的高效审批机制，在信贷规模、财务、人力、风险容忍度等方面制定有针对性的政策措施。同时，鼓励有条件的银行业机构要设立绿色金融事业部、绿色网点，为绿色信贷投放提供专业化金融服务。

（二）加大绿色信贷投放力度

资溪县各大银行通过创新绿色信贷产品和服务方式，加大对绿色企业和绿色项目的信贷支持力度。围绕本县的生态旅游、面包产业、竹科技产业、有机休闲农业、现代康养等服务业及环保科技等绿色产业和生态保护工程、人居环境专项整治项目、新能源建设项目、低碳交通项目、节能技改项目、绿色基础设施建设项目和生态环保项目等绿色项目，增加信贷投放，优化服务。

（三）创新信贷担保抵押方式

资溪县的相关银行通过创新绿色信贷抵（质）押担保模式，开展知识产权质押融资和应收账款质押融资业务，探索开展以碳排放权和排污权等为抵（质）押的绿色信贷业务。大力推动应收账款质押、履约保函、知识产权质押、股权质押、林权质押以及农村"两权"抵押贷款等产品，积极满足绿色产业多元化融资需求。

（四）创新绿色信贷产品

资溪县各银行机构在风险可控和商业可持续的前提下，大力开展绿色信贷服务创新，确保实现"一行（机构）一品""一行（机构）一特色"目标。稳妥推进"财园信贷通""财政惠农信贷通""科贷通"，开办"绿色项目（企业）融资信贷通"。加快推进绿色权益性资产抵质押融资方式创新，促进资溪绿色资源转化为绿色资本。

四、全方位支持打通绿色直接融资政策通道

（一）支持绿色企业上市融资

资溪县通过启动促进直接融资培植工程和企业上市"映山红"行动。加大直接融资工具的宣传力度，有针对性地向绿色企业推介债务融资工具。优先支持符合条件的绿色企业上市融资，对在股权交易中心市场挂牌上市和证券交易市场成功挂牌上市的企业，给予一定奖励。推动创业投资、股权投资、风险投资等机构与拟上市绿色企业进行资本对接，助推绿色企业加快成长。

（二）推进绿色债券融资

通过推动绿色经营企业、融资平台企业创新运用短期融资券、中期票据、中小企业集合票据等债务融资工具融资。启动生态旅游绿色债券、低碳工业专项债券、健康养老专项债券等发行工作。吸引并支持省内金融机构发行的绿色金融债运用于资溪。鼓励地方法人金融机构发行绿色金融债券以及绿色信贷资产证券化产品，专项支持地

方绿色发展。建立有利于降低企业发债融资成本的担保、贴息等机制。

五、大力推动绿色保险项目特色多元化

（一）开发绿色产业和项目保险

资溪县立足县域实际情况，大力发展政策性农业保险，推动农业保险"增品、提标、扩面"，增加种植业保险、养殖业保险和林木保险的参保品种。鼓励保险机构设计专门产品和定制特色服务，加大对县生态产业体系企业的保险支持力度，助推绿色发展。引导保险资金投资绿色环境保护项目，探索开展绿色融资保证保险。

（二）推进环境污染责任保险试点

通过试点推广环境污染责任保险，提高县域环境污染风险管理水平，切实发挥环境污染责任保险的保障作用。建立保险机构与其他金融机构的联动机制，对县域重点排污单位，通过政策激励和信贷约束等方式逐步落实参保投保，并将有无参投保环境污染责任强制保险作为获取绿色金融服务的优先条件。

（三）增加保险资金运用

通过利用保险资金来源稳定、周期较长，与投资规模大、投资回收期较长的项目匹配度高等特点，加大与保险资金的对接力度。积极引导保险资金通过直接投资债券、股权、基金、PPP项目、资产支持计划等多种方式服务绿色经济发展。

六、强力推动绿色金融基础服务体系趋善完备

（一）建立绿色金融专项统计制度

资溪县通过对全县绿色金融发展情况进行全口径、动态监测统计管理，由中国人民银行资溪县支行牵头，在人民银行总行绿色金融专项统计报表（季度报表）基础上，结合资溪县绿色经济发展实际，设立资溪县绿色金融发展专项统计报表，按季报送、发布绿色金融统计数据，分析研判全县绿色金融发展相关问题。

（二）壮大绿色金融机构

坚持"引进外地、做大本土、发展新型"的思路，完善资溪绿色金融机构体系。推动辖区金融机构进行绿色转型，支持绿色经济、绿色产业、绿色项目发展。引进符合条件的绿色基金、咨询服务公司、风险投资机构。发展绿色银行、融资租赁、商业保理、信托投资等新型绿色金融业态。鼓励保险机构来资溪开设分支机构，开展绿色

保险业务。整合政策性融资担保资源，促进绿色担保发展。积极筹建县融资担保公司，融入省、市融资担保体系，引入民间资本及域外投资方，推动全县融资担保行业发展。

（三）建设绿色金融要素市场

积极引进绿色金融债券资金，支持绿色产业项目。资溪县通过开展重点生态区非国有商品林赎买改革试点，建立县级林权收储、交易平台和机制，推动林权抵押贷款试点工作，促进森林资源资产向资本转化。争取国家级或省级储备林基地建设落地，创新市场化融资渠道，鼓励社会资本参与储备林建设及林业生态扶贫项目建设。推动农村"两权"抵押贷款发展，积极融入全市乃至全省股权交易中心、金融资产交易中心、旅游文化交易中心等要素市场。

（四）建立绿色项目库

通过建立完善绿色项目库，探索开展绿色项目评级，确定绿色信贷支持项目清单，鼓励对列入清单的企业和项目给予融资政策倾斜，完善绿色融资长效对接机制。推动政府参与的新建污水、垃圾处理等绿色项目探索采取 PPP 模式，规范化操作绿色 PPP 项目，进一步拓宽融资渠道。

案例 "四法"打造特色竹产业融资链

竹科技产业作为资溪县主导产业之一，是带动资溪县转型发展的支柱产业，毛竹产业发展面临碎片化经营与加工企业规模化生产的矛盾，粗放型管理与加工企业高质量需求的矛盾，无序性砍伐与竹资源可持续发展的矛盾，供应的空窗期与企业生产毛竹需求量大的矛盾等四大矛盾，急需注入资金转型发展，而资溪县作为一个财政小县，2020 年全县财政总收入约 5.78 亿元，仅靠政府财政支持无法支撑竹产业的全链条式发展。近年来，为帮助资溪竹产业链扩链、补链、强链，资溪农商银行精准施策，分类、分层为企业制定个性化金融服务方案，实现全产业链金融支持。该行依托竹科技产业园和重点核心企业，因势利导以"1+N"农业产业链为主线，积极构建"核心企业＋供应商""生产企业＋经销商""专业合作社＋农户"等发展新模式，以资金闭环运行和效益提升为导向，为竹产业链的上下游客户提供全流程、差异化金融服务。资溪农商银行还创新推出适合产业链上下游的信贷产品。

用好"加法"抓布局

资溪县农商行坚持制度先行，立足资溪竹产业发展现状，结合农商银行自身特点，出台了《资溪农商行金融支持竹产业链推进方案》《资溪农商行支持产业链金融服务细则》等制度办法，为支持竹"产业链"发展提供了良好的制度支撑。坚持专班对接，成立了"竹产业链"金融服务工作领导小组，成立了生态专业支行，加强了人员配备，召开了专题部署会议，明确了对接路线图、时间表、责任人，压茬推进确保工作实效。坚持深入摸底，紧扣产业链上、中、下游三个环节，依托林业主管部门、市场监督管理局、行业协会等单位，采取现场走访、发放调查问卷、银企座谈会等形式，摸清产业链主体信息，实行台账管理，加强动态跟踪，一户一档精准对接。

用好"减法"优服务

资溪县农商行切实减少服务"梗阻"，畅通服务渠道，不断提升服务质效。开通绿色通道，建立快速响应机制，配置央行支农支小专项资金，优化办贷流程，简化审批环节，缩短审批时间，对竹产业链客户群金融需求优先受理、优先审批，尽全力保障竹产业链可持续健康发展。实施个性服务，在理顺产业链经营主体和上下游客户群信息的基础上，结合客户经营特点，掌握客户金融需求，从单位基本账户开立、支付结算、采购资金支出、销售货款回笼、信贷融资需求等多方面着手，分类分层制定个性化金融服务方案，实现全产业链金融支持。加强跟踪管理，对竹产业链上企业资金状况进行全方面跟踪服务，加强供货流程监控，跟踪企业财务及生产经营状况，掌握企业订单及资金回笼信息，为产业链客户提供贴身融资和风险监控服务。

用好"乘法"强创新

资溪县农商行切实放大创新效应，加强产品和模式创新，助力竹"产业链"升级发展。创新工作模式，依托竹科技产业园和重点核心企业，以"1+N"农业产业链为主线，积极构建"核心企业＋供应商""生产企业＋经销商""专业合作社＋农户"等发展新模式，着力为客户提供全流程、差异化金融服务。丰富金融产品，以客户需求为中心，加快配套创新金融产品，推出了"库贷挂钩"仓储式质押、"订单＋应收账款""运输应收＋保险"等信贷产品，有效满足了客户资金需求。搭建信息平台，探索互联网方式获客、活客和留客，构建信息共享平台，聚合核心企业、链条企业、仓储公司、物流公司、第三方公司、政府机构等多个协同主体，连接信息流、资金流、物流，围绕产业链多样化的生产经营场景，着力提供一揽子综合服务。

用好"除法"推普惠

资溪县农商行切实消减疫情影响，落实普惠政策，力保产业链稳定运行。聚焦重点发力，加大对核心企业支持力度，对受疫情影响原材料紧缺、销售周期延长、实施技术改造等核心企业，通过合理增加流动资金贷款、给予还款缓冲期等方式，助力企业复工复产。落实减费让利，对受疫情影响暂遇困难的企业，坚持不抽贷、不断贷、不压贷，通过调整还款期限、结息方式、贷款展期、借新还旧、续贷等多种方式，全力帮助竹加工企业恢复经营、渡过难关。畅通联系渠道，在深入开展扫街、扫园、扫村、扫户等"四扫"营销的基础上，充分利用线上贷款服务，打通贷款业务线上线下流转通道，整合客户经理信息和各类金融业务，实现了客户经理"远程对接、在线服务"和各类业务"云申请、云审批、云办理"，切实提高了客户获得金融服务的满意度。

第二节　打通"金融通道"变现"生态资本"

一、依托融资平台架起生态资本变现通道

（一）开展公益林补偿收益权质押贷款

资溪县公益林补偿收益权质押贷款是金融和林改的结合，破解了盘活森林资源难

和抵押贷款难的两大难题。把"死"的资源变成了"活"的资本。通过开展公益林补偿收益权质押贷款，为水权、采砂权等未来收益权质押的产品创新起到了先试先行的模板作用，实现了绿色金融、林业经济、生态保护"三赢"良性发展局面。公益林补偿收益权质押贷款发挥倍数放大效应，以"四两拨千斤"的手法将更多金融资源向生态富民和乡村振兴倾斜。

资溪县林业局联合农商银行和"两山"转化中心出台了《公益林天然林补偿收益权质押贷款管理办法》，确定了贷款的操作规程。该贷款产品是由林农、林企、林业合作社通过申请，资溪县林业局出具收益权证明，以合法、可持续的公益林（天然商品林）补偿收益权作为质押所发放的贷款。其贷款期限为 1～5 年，贷款利率最高5.46%，贷款额度原则上不超过公益林（天然商品林）补偿资金年收入的 10～15 倍。贷款流程为：贷款申请→林业局出具证明→贷款调查、审批→办理质押登记手续→林业局备案→贷款发放。截至 2023 年 8 月，资溪县农商银行为 11 户林农和林业生产经营主体成功发放贷款 1171.5 万元，涉及公益林天然林面积 71154.48 亩。

（二）开发"林权代偿收储担保贷款"

资溪县以江西省森林赎买试点县的契机，研究出台了《林权代偿收储担保管理办法》，建立全省首个生态资源收储代偿机制，设立林权代偿收储担保中心，创新贷前评估、贷时担保、逾期代偿的林权融资新模式，为林权抵押融资提供"代偿性收储担保"。通过成立资溪县泰通融资担保有限公司，为全县生态产业发展提供融资担保服务，通过建立的权代偿收储担保机制，帮助辖内银行化解不良林权抵押贷款。为资溪县在化解林权等生态产品抵押贷款风险以及抵押贷款反担保风险方面探索出了一条可行之路，使得生态产品抵押贷款风险分担更加合理，有利于金融机构及时处理林权等生态产品抵押贷款造成的不良资产和不良贷款纠纷，解决了金融机构投放林权等生态产品抵押贷款的后顾之忧。现已落地贷款总额 1200 万元，涉及林权面积 8005.9 亩。目前，资溪县正在大力开展国家生态综合补偿试点，围绕"未来补偿收益权"的金融创新空间较大。

（三）开展森林赎买抵押贷款

资溪县创新"森林赎买＋林权抵押"林业收储新模式，以森林赎买为担保，搭建借款人、担保人、银行、评估、保险、林权收储等多方业主融合平台，实现林业投资风险可控、林业生产融资顺畅、社会效益和经济效益双赢的目的。抓住江西省首批森林赎买试点机遇，在全省率先开展"森林赎买抵押贷款"。首笔贷款由农业银行承接，已发放贷款9800万元。截至2022年12月，全县完成森林赎买23.15万亩，林权贷款余额9.67亿元。

二、依托"两山"转化中心开发生态产业链融资新项目

"两山"转化中心为全县生态产业体系，特别是旅游产业、竹木科技产业以及面包食品产业提供全产业链金融服务，打造生态产业链融资新模式。

（一）开展竹木产业链融资

"两山"转化中心通过打造竹木产业链融资，助力资溪竹科技产业跨越发展，助力打造全省首个"竹科技产业园"。建设银行为资溪竹科技产业园的标准厂房建设提供了1.4亿元贷款。目前产业园一期1000亩建设已全面完工，实现集中供热、集中排污处理、集中统一管理，引进了竺尚竹业、吉中科技、庄驰家居、兴宇新能源等10余家竹科技产业链企业，承接全县毛竹加工企业"退城进园、退路进园"。农发行提供3亿元贷款，支持产业园加快竹梦大道、研发中心、新建标准厂房等二期项目建设。

（二）助力竹木产业强链壮链补链

资溪农商银行出台《竹科技企业产业链融资管理办法》，从竹木抚育、原材料加工，竹木产品制造以及销售等产业链、供应链环节，为竹木企业发展提供配套融资服务。新冠疫情以来，辖内金融机构为20余家竹木加工企业贷款近6亿元，支持企业复工复产、发展壮大。

三、依托国有银行开发多种经营权抵质押融资项目

（一）特种养殖权质押贷款支持企业转型发展

主动支持特种养殖企业适应发展新形势，资溪县农商银行率先开展特种养殖权质押贷款试点工作，将特种养殖权证作为企业及个体户融资抵押或增信的工具。各金融机构为棕熊特种养殖企业发放贷款1500万元，狼特种养殖企业发放贷款1000万元，特种养殖加工企业发放贷款4350万元，娃娃鱼、棘胸蛙等特种水产养殖48户，发放贷款8000余万元，发放"畜禽智能洁养贷"99户，贷款余额4500余万元，支持辖内养殖企业转型发展。

（二）水资源权证质押贷款为绿色发展注入金融活水

资溪县可开发利用的水资源丰富，邮储银行根据水资源评估价值，创新运用水域经营权和收益权做抵质押，向企业发放流动资金贷款 8000 万元，授信 3 年。

（三）开发特定资产收费权支持贷款

资溪县通过开展特定资产收费权贷款新模式，助力生态旅游。资溪县工商银行和中国银行组成银团，采用景区门票、索道、游览车和漂流 4 项收入质押，为辖内大觉山国家 5A 级旅游景区发放"特定资产收费权支持贷款"7.8 亿元，用于景区的生态旅游项目建设。2023 年 7 月追加 1.2 亿元贷款，专项支持景区二期生态旅游项目建设。

案例1　"林权"抵押贷款破解竹产业"资金困境"

资溪县某林场是一家主要经营木、竹及山地综合利用、抚育为主的林业生产企业，经营的林木资产及林地面积达 14200 亩，其中杉木林约 9200 亩，毛竹林约5000 亩。该企业前期购置林权投入了大量资金，为使现有山场产生更大效益，该企业计划继续对现有山场进行杉木林抚育、公路改造、辅助工程建设等抚育投入，但因前期较多资金投入购置林权造成流动资金不足，抚育计划遭遇了前所未有的困境，在了解到资溪农商银行推出了公益林和天然商品林补偿收益权质押贷款，第一时间提交了 150 万元的授信申请，拟用企业名下的 8400 余亩公益林和天然商品林补偿收益权质押担保。在收到企业申请后，前台信贷人员根据《补偿收益权证明》中林业局提供的收益权金额及剩余期限合理确定授信额度与期限，按原则上不超过公益林（天然商品林）补偿资金年收入的 10 倍核定，仅 3 个工作日内，资溪农商银行便向该企业发放了公益林和天然商品林补偿收益权质押贷款 150 万元，有效解决了企业迫在眉睫的资金需求。

案例2　"公益林补偿权"质押贷款激活"林业资产"

资溪县华森林业、永盛林场等林业经营主体用 2.54 万亩生态公益林补偿收益权作为质押，资溪农商银行成功受理并发放 380 万元贷款用于抚育造林。

图 15-1 林权收益权抵押贷款首发签约仪式

资溪县共有生态公益林面积 54.39 万亩，占全县林业用地面积的 32.2%。由于公益林无法流转，在抵押融资上受到制约，成为限制林业资源可持续发展和百姓致富的瓶颈。针对这一难题，资溪农商银行、资溪县人民银行、资溪县林业局共同协作，充分抓住资溪县入选国家生态综合补偿试点县的重要契机，积极探索"绿色金融＋生态补偿"有效机制，制定出台了《资溪农商银行林权抵押贷款管理办法》和《资溪农商银行公益林和天然商品林补偿收益权质押贷款管理办法（试行）》，部署推动以公益林收益权质押为主要特色的林业生态补偿绿色金融产品在资溪县顺利落地。

根据《资溪农商银行公益林和天然商品林补偿收益权质押贷款管理办法（试行）》，林业经营主体可直接向资溪农商银行提出贷款申请，以其合法取得的公益林补偿收益权作为质押担保。资溪县农商银行向符合条件的林业经营主体发放不超过年度公益林补偿收入的 10 倍质押贷款额度，贷款最长期限可达 5 年。据初步统计，按照最高质押额度，全县公益林补偿收益权质押贷款规模可达 1.2 亿元，将为全县林业产业发展注入强大的资金动力，有效实现了"沉睡资产"生态价值，有力助推乡村振兴战略实施。

第三节 贯通"信用通道"保障"社会经济"

资溪县首创"特定资产收费权支持贷款""特种养殖权贷款",开创"竹木产业链融资"新模式,"多种经营权"抵质押融资创新推进。资溪县结合本县生态资源实际,开展古屋、水权、用能权贷款,特别是将水权纳入生态产品标的物抵质押贷款风险补偿金范畴。

一、开展多种经营权等生态产品确权登记

资溪县开展全县土地承包经营权、供热权、林权、水权、养殖权、用能权、采砂权、采矿权、国有林场土地使用权等生态产品分级分类确权登记,工作由县自然资源局牵头,土地承包经营权、水权、用能权、采砂权等生态产品分级分类确权登记。

二、建立和完善多种经营权等生态产品基础数据库

资溪县汇集整合农业、林业、水利、环保、自然资源等与多种经营权有关的基础数据资源,构建"智慧资溪"生态大数据平台,实现对生态资源资产的智能管理。其中,由县农业农村局负责近几年农村土地确权数据、合作社、农机购置补贴等相关指标数据规范、动态共享至市大数据服务平台,并且以上指标数据须经市农业农村局验收;县林业局、县水利局、县投资公司分别负责林业、水资源和砂石等生态资源相关指标数据归集和共享工作;县政务服务办负责牵头及时将全县用水、用电、公积金、税务等部门信用信息数据纳入县信用平台并依法依规向合作商业银行开放。

三、发展多种经营权等生态产品抵押贷款业务

资溪县为扩大林地资源、水资源、矿产资源等生态产品产权权能,鼓励各金融机构加大"两权"融资、"两权"+多种经营权融资、"两权"+农业设施权证融资等融资支持力度。打造"生态通"运营管理平台,采取租赁、托管、股权合作、特许经营等多种方式,整合经营全县碎片化、零星化的生态资源。资溪县探索以经济预期收益、收费权、农副产品仓单、各类生态补偿收益权、碳排放权、排污权、节能量、用能权、水权等为质押物的特色生态信贷产品。同时,鼓励发展绿色融资租赁,通过融

资租赁方式重点引入大气、水、土壤污染防治装备，环境污染应急处理装备，资源综合利用装备、光伏电站等，协助域内企业强化污染治理能力与绿色发展能力。截至目前，资溪县已发放农村房地一体确权证 16185 本；发放农村流转土地经营权证 76 本，累计抵押贷款 3043 万元；已为 10 个水库，14 条河道办理了水面经营权证。

专栏　生态产品价值实现"三本账"

1 经济账："绿色转型"驱动县域经济驶入"快车道"

"有机＋休闲"引领农业发展

目前，资溪县规模种植茶叶达 3.78 万亩、果蔬 1.2 万亩、优质稻 4.2 万亩、中草药研学基地 3000 亩，培育市级以上农业龙头企业 33 家，创建有机农产品品牌 26 个，打造省级休闲农业示范点 6 家，引进圣农集团总投资 4 亿元的大型祖代种鸡项目，形成休闲农业发展布局。

"生态＋科技"撬动绿色工业崛起

目前，资溪县培育品牌化经营面包店 2000 余家，打造年产值 300 多亿元的"资溪面包军团"；建设总投资 20 亿元的全省首个竹科技产业园，培植毛竹加工企业 42 家。2022 年，资溪县绿色经济占全县 GDP 的 90% 以上。

"生态＋健康"绘出旅游产业"全域大格局"

资溪县搭起"1+4+N"旅游发展新体系，打造了全省首个热敏灸小镇，在 6 个景区、酒店打造了 8 间热敏灸体验室。培育了 4 个省级乡村森林公园，构建串联沿线 3 个行政村 14 个自然村，全长 7.3 千米，覆盖面积约 40 平方千米。2022 年，旅游产业产值占全县 GDP 的 65.5%。

2 生态账：留存生态"本金"、淘出产业"真金"

践行"两山"理念留存生态"本金"

从 2002 年确立"生态立县·绿色发展"的战略，到 2023 年的"生态立县·产业强县·科技引领·绿色发展"战略，历经 21 年精心呵护，打造了深入人心的"纯净资溪"生态品牌。坚决拒绝与发展生态旅游不相符的产业项目，累计减少投资 300 多亿元。

"两权"抵押贷款试点构筑乡村旅游风景线

截至 2023 年 8 月，资溪县"两权"抵押贷款余额 12.54 亿元，新增 10.31 亿元。开展进行林权抵押贷款 33 起 6033 万元、面积 79466 亩，全面推进生态产业化进程。

3 民生账：绿色金融引领谱写和谐民生新篇章

壮大农业经济，扩大就业规模

资溪县打造了特色竹产业融资链，为 20 余家竹木加工企业贷款近 6 亿元，有效增加了就业规模；培育了 4 个经济收入超过 100 万元的村集体，打造新月村为国家级乡村旅游景点，解决当地约 320 名村民在家门口就业。

增加创业贷款，引领大众创业

2020 年，资溪县新增发放创业担保贷款 7595 万元，新增城镇就业 1844 人，新增转移农村劳动力 3185 人，开展企业职工岗位技能培训 3509 人。

资溪县始终坚持"生态立县"战略，坚持生态效益和经济效益同步提升的绿色发展道路，并获得了"国家生态文明建设示范县""全国生态示范区""中国生态旅游大县"等荣誉称号。良好的生态文明环境已经成为资溪县最亮丽的县域名片和后发优势。能够取得如此瞩目的生态成绩，离不开资溪县在生态文明体制机制方面的努力探索。围绕生态信用体系、生态环境损害赔偿制度、领导干部自然资源资产离任审计制度和生态环境保护综合执法机制四大制度建设，资溪县逐步摸索适合资溪本土的工作机制，并将其运用于生态文明建设实践过程中，取得了卓越的效果。

第六篇

生态文明体制机制创新
点亮『绿色灯塔』

第十六章

生态信用体系使生态治理工作"化被动为主动"

生态信用是生态产品价值实现的重要任务和保障要素，单纯依靠行政命令控制手段推动环境保护已不能满足环境监管多元化的现实需要。在资溪县委、县政府的坚强领导下，资溪县聚焦生态信用体系建设，夯实生态监管制度基础，使生态信用监管逐步成为撬动环境治理的"支点"，让"绿色发展"成为资溪县向前更进一步的"发动机"。

第一节 多方位"评价—奖惩"机制提升"信用资溪"影响力

资溪县持续深化以生态信用为特色的信用体系建设，紧扣"信用资溪"定位，在探索生态补偿过程中，结合社会信用体系建设试点工作，建立企业和自然人的生态信用档案、正负面清单和信用评价机制，并将破坏生态环境、超过资源环境承载能力开发等行为纳入了失信范围。

一、生态行为"正负"管理提高环保意识

资溪县立足本土生态特色基础和生态资源优势，借鉴全国生态文明建设优秀做法，制定了《资溪县生态信用行为正负面清单》，通过正向激励和反面惩戒来引导企业和个人增强环境保护意识，规范生态行为，建立起全县范围内的生态行为准则。清单的适用对象既有企业也有个人，其中正面清单从生态保护、生态经营、绿色生活、生态文化、社会监督等五个维度共列 18 条；负面清单从生态保护、生态治理、生态经营、环境管理、社会监督五个维度共列 30 条。

除了结合日常监管、企业守法诚信情况实际，资溪县还综合考虑了企业的生态信用状态来制定清单，并建立了生态信用企业白名单，打造了一批自觉守法守信和积极保护生态环境的典型企业，符合条件的企业免于或减少现场执法检查。这些措施不仅促进了企业尊法守法，还极大地增强了企业爱护生态环境的动机和信念。为避免名单"终身化"，生态环境部门同时建立了名单动态调整机制，对暂不符合纳入条件但具备整改条件的企业，加强技术帮扶和督促指导，符合条件后再将其纳入名单；对违反相

关规定和生态失信的企业，则及时移出"白名单"。

二、生态信用评价服务生态环境保护

资溪县以正负面清单为依据，规定企业生态环境信用等级从优到劣等依次为：守信、普通、一般失信、严重失信。"守信""严重失信"企业向社会公示、公开和向有关部门推送，采取守信联合激励或失信联合惩戒措施；"普通""一般失信"企业不进行推送，但可查阅、并点对点告知。在评价办法中，环境管理方面的运用4条，即建立与选举评先评优挂钩制、建立整改"定期报告"制、建立"沟通会商"制、完善评价信息"定期公开"制；环境监管执法方面的运用4条，即减少现场监管执法、加大"双随机"执法频次、合理使用自由裁量权、加强应急管理；行政许可方面的运用4条，即开辟绿色通道、压缩办结时限、实行告知承诺制、严把行政审批关；环境监测方面的运用2条，即增加自行监测检查频次、加大执法监测力度；专项资金项目安排方面的运用3条，即优先项目入库、优先专项资金分配、强化项目约束管控；排污权指标和有偿使用费交易调剂方面的运用3条，即按级调剂排污权指标、按级支持排污权指标出让、按级开展排污权指标政府回购。

三、"生态信用+"联动奖惩

（一）"生态信用+金融服务"实现生态信用"资产化"

资溪县鼓励并支持驻资金融机构争取上级金融机构支持，研发专属的信贷产品，增加信贷规模，下放贷款审批权限，增加中长期贷款额度，开展绿色普惠金融创新，对生态信用良好的客户予以优先授信、优先放贷、优先支持。

为进一步推动生态信用体系建设，资溪县主动实施生态信用便企工程，加快政府、企业和金融机构之间生态信用信息共享，构建起"生态信用评价+金融服务"机制，在提升企业环境保护意识和化解企业融资难方面发挥了积极作用。同时，实施生态信用宣传工作，广泛发掘生态诚信主体，推行"生态信用+绿色金融"理念，开展生态诚信示范地区、生态诚信经营示范企业和示范个人创建等。对守信主体"给予容缺办理、优惠信贷"等政策支持。

（二）"生态信用+分级管理"增强生态守信意识

近年来，资溪生态环境局在原来企业环境信用等级评价管理的基础上不断完善信用等级评价机制，制定生态信用正负面清单，对企业环境行为进行信用评价定级并建立生态信用档案，将信用评价结果与"双随机"执法监管相挂钩，按照企业信用等级实施分类监管。

资溪县对守信主体予以正向激励，在税收优惠、专项资金补助、融资贷款等方面给予政策支持，并开辟环保审批绿色通道、实行容缺受理，对符合条件的环评审批依法依规实行承诺制。反之，对失信主体则在融资贷款、政府补贴、政府奖励等方面处处受限，环境处罚威慑力有效提升，企业环境违法成本大幅增加，进而传导形成经济上的约束，倒逼企业绿色转型发展。

在资溪县生态信用管理过程中，企业环保信用等级高，生态环境部门可以降低检查频次，可以作为项目环保许可、环保资金补助、荣誉评定、绿色信贷等的重要依据，优先安排环保专项资金或者其他资金补助，并建议银行业金融机构予以积极的信贷支持，开辟项目环保审批绿色通道予以优先办理，对符合条件的环评审批可以依法依规实行承诺制等。

生态信用分级并非一评定"终身"，县生态环境局也给了企业机会，可以修复生态信用。只要被纳入环保失信"黑名单"的企业，在失信信息披露一定时间后，环境违法行为整改到位，环境和社会不良影响基本消除后，就可以向生态环境部门申请修复企业生态信用，经生态环境部门审查认为符合条件的，可以被移出"黑名单"。

案例 生态信用修复助力企业良性发展

资溪县某竹业公司 2019 年前后因拒不接受多起环境违法行政处罚，生态环保信用等级评定为失信级，而被纳入了环保失信"黑名单"。在被列入"黑名单"后，该竹业公司在贷款融资、政府补贴、政府奖励等方面处处受限，生产发展受到了重创。

2020 年该竹业公司认真履行生态环境保护责任，积极赔偿环境污染造成的损失，修复被破坏的生态环境，不久便收到生态环境部门的环保信用修复的通知。在疫情期间，该公司遭遇资金周转困难，县银行根据其生态信用等级，开通环评绿色通道，容缺受理，简化企业贷款手续，帮助企业度过生产困难时期，生动阐释了企业生态信用的巨大价值。

第二节 全方面信用监管机制响应"共建共治共享"

一、创新事前环节信用监管

一是建立健全信用承诺制度。通过合作商业银行及时梳理适用信用承诺制的事项，制定格式规范的信用承诺书，依托信用资溪网站向社会公开，建立信用承诺问效机制，定期对市场主体的信用承诺进行复核。二是开展市场主体准入前诚信教育。各相关部门，如合作银行充分利用各级各类服务窗口，在办理相关业务时，作为市场主体积极开展守法诚信教育，提高市场主体遵纪守法和诚实守信意识。三是大力拓展信用报告应用。鼓励各类市场主体在办理生态产品价值抵押贷款业务中广泛地主动应用信用报告。将第三方信用服务机构出具的市场主体信用评价结果，嵌入合作银行相关金融产品的风险控制体系，使得信用评价等级较高的市场主体获得更高信用额度，并作为多种经营权等抵押贷款发放的重要依据，逐步推广应用到合作银行其他相关金融产品。

二、强化事中环节信用监管

一是建立和完善市场主体信用记录。在开展多种经营权抵押贷款业务时，相关行政主管部门和合作银行及时、准确、全面记录市场主体在生产经营过程中产生的信用信息，并通过"信用抚州""信用资溪"网站等渠道依法依规向社会公开，特别是将失信记录建档留痕，做到可查可核可溯。

二是开展公共信用综合评价。通过加强县信用平台与合作银行的信用信息协同配合，依法依规整合各类信用信息。定期将评价结果推送至相关政府部门、金融机构、行业协会商会参考使用，并依法依规向社会公开。依法依规为公共信用综合评价结果为"优"级的市场主体，在开展多种经营权等生态产品抵押贷款业务时提供绿色通道、容缺受理；依法依规约谈公共信用综合评价结果为"差"级的市场主体并督促整改，将"差"级评价结果作为对其重点监管的重要依据，不予发放抵押贷款。

三是根据市场主体信用等级高低，对监管对象分级分类。采取差异化的监管措施充分利用"双随机、一公开"监管、专项抽查检查、日常监督检查等方式，与市场主体信用等级相结合，对信用较好、风险较低的市场主体，可合理降低抽查比例和频次，减少对正常生产经营的影响；对信用风险一般的市场主体，按常规比例和频次抽查；对违法失信、风险较高的市场主体，适当提高抽查比例和频次，列入重点信用监管范围，依法依规实行严管和惩戒。

三、形成事后环节信用监管

一是建立健全失信联合惩戒对象认定机制。资溪县要求各有关部门依据国家相关规定和在事前、事中监管环节获取并认定的失信记录，依法依规建立健全失信联合惩戒对象名单制度，涉及性质恶劣、情节严重、社会危害较大的违法失信行为的市场主体纳入失信联合惩戒对象名单。推动相关部门和合作银行出台失信联合惩戒对象名单管理办法，明确认定依据、标准、程序、异议申诉和退出机制。

二是开展失信联合惩戒。通过加快构建跨地区、跨行业、跨领域的失信联合惩戒机制，依法依规编制全县开展多种经营权等生态产品抵押贷款业务联合惩戒措施清单，动态更新并向社会公开，形成行政性、市场性、行业性和社会性等惩戒措施多管齐下，社会力量广泛参与的失信联合惩戒大格局；鼓励各合作银行充分借助资溪县社会信用体系建设成果，建立和完善市场主体信用档案、信用评价机制、风险预警、风险监测和联合奖惩等机制并应用在信贷领域的贷前、贷中、贷后全过程，推动生态产品价值抵押贷款等业务持续、稳健和健康发展。对不履约、不良交易行为的市场主体，纳入不良信用记录；对严重违法、违规的市场主体提出警告并勒令整改，拒不整改的纳入黑名单，禁止进入"多种经营权"抵押交易市场。同时探索建立与金融信贷、行政审批、政府采购、社会救助等挂钩的联动奖惩机制，依法依规与其他相关部门共享信息，实施联合惩戒。

第十七章　生态环境损害赔偿制度令违法者"无漏可钻"

资溪县为持之以恒抓紧抓好生态文明建设和生态环境保护，着力探索具有资溪县特色的生态环境损害赔偿制度。经过前期调研认证、广泛征求意见，县委、县政府研究下发了《关于印发〈资溪县生态环境损害赔偿制度改革实施方案〉的通知》，着力明确生态环境损害赔偿范围、责任主体、索赔主体、损害赔偿解决途径等。主动发挥人民检察院、人民法院、生态管理部门的职能作用，建立完善了以生态公益诉讼、生态环境损害赔偿为主要内容的环境诉讼机制。

第一节　职责"透明化"避免相互推诿管理责任

资溪县政府特别成立生态环境损害赔偿制度改革工作领导小组，由县长任组长，县政府分管环境保护工作的副县长、县法院院长、县检察院检察长任副组长，县、乡各级机关和单位为成员。

一、明确部门"边界"及时锁定"牵头人"

在县级行政层面上，县政府指定生态环境、自然资源、建设、城管、水利、农业农村、林业、市管、安监等负有生态环境保护监管职责的工作部门，具体负责各自职责范围内的生态环境损害赔偿工作，包括进行调查、鉴定评估、赔偿磋商、提起诉讼、修复监督等。

二、增强部门协作加快案件处理流程

环境损害赔偿涉及多个部门，需要各个部门团结协作，因此做好部门间的业务衔接工作显得尤为重要。资溪县生态环境损害赔偿制度中明确了需要衔接、协作的工作分工：生态环境、自然资源、建设、城管、水利、农业农村、林业、市管、安监等相关部门和机构负责有关生态环境损害调查、鉴定评估、修复方案编制、修复效果后评估等业务工作；法院负责有关生态环境损害赔偿的审判工作；检察院负责有关生态环

境损害赔偿的检察工作；司法部门负责有关生态环境损害司法鉴定管理工作；财政部门负责有关生态环境损害赔偿资金管理工作；卫生计生、环境保护部门负责有关环境与健康综合监测与风险评估工作。

第二节　启动工作"规范化"把控生态赔偿

一、明确生态环境损害赔偿启动条件

在资溪县的生态环境赔偿制度中，管理部门发现有涉嫌生态环境损害的，立即启动生态环境损害调查，经调查发现生态环境损害需要修复或赔偿后，及时向赔偿义务人送达生态环境损害赔偿磋商告知书。责任人如同意磋商，磋商的一方或双方应委托鉴定评估机构开展调查和鉴定评估工作，确定生态环境损害因果关系、损害程度，形成调查报告和鉴定评估报告，启动磋商程序，并告知同级检察机关。关于管辖权问题，凡属资溪县政府管辖的案件，由县政府直接组织调查组进行调查，或者授权县政府负有生态环境和资源保护监管职责的相关工作部门组织调查组进行调查。

二、切实进行生态环境损害鉴定评估

生态环境损害鉴定评估是资溪县在处理环境损害赔偿案件中极为重视的一环。委托人方面，有义务向鉴定评估机构出具委托书，明确鉴定评估事项、鉴定评估要求，及时移交调查问询笔录、监测报告、影像等鉴定评估材料，为鉴定评估机构开展鉴定评估工作提供便利条件。鉴定评估机构方面，承接从事鉴定评估业务，需要签订鉴定评估合同或协议，同时应当核对并记录鉴定评估材料的名称、种类、数量、性状、保存状况、收到时间等。为了确保生态环境得到及时有效修复，资溪县政府及其指定的部门或机构需要对磋商或诉讼后的生态环境修复效果进行评估。

第三节　应赔尽赔"持续化"提升赔偿制度震慑力

应赔尽赔，是《生态环境损害赔偿制度改革方案》提出的生态环境损害赔偿的一项重要要求。相较于这个方案，资溪县着重强调"应赔尽赔"，明确规定了造成生态

环境损害的单位或个人应当承担生态环境损害赔偿责任，做到应赔尽赔。

首先，在资溪县生态环境损害赔偿范围方面，包括了应急费用（应急监测、排查以及清除污染费用等）、调查评估费用（赔偿调查、鉴定评估、修复方案制定、第三方监理、修复效果后评估等合理费用）、损失费用（生态环境修复期间服务功能的损失、生态环境功能永久性损害造成的损失费用等），以及生态环境修复费用。其次，在赔偿义务人方面，除了造成生态环境损害的单位或个人之外，第三方环境影响评价机构、环境监测机构以及从事环境监测设备和防治污染设施维护、运营机构，对造成的环境污染和生态破坏负有责任的，应当承担连带的赔偿责任。

第四节　磋商司法"协同化"保障赔偿处理"快、准、好"

一、赔偿磋商优先

资溪县启动生态环境损害赔偿调查，发现生态环境损害需要修复或赔偿的，首先开展赔偿磋商。诉讼与磋商相比，程序相对复杂，需要参与的部门、花费的时间和精力较多，可谓费时耗力。生态环境损害发生后，资溪县规定了由赔偿权利人组织开展生态环境损害调查、鉴定评估、修复方案编制等工作，主动与赔偿义务人磋商。如果经调查之后，发现生态环境损害需要修复或赔偿的，县政府及其指定的部门或机构根据生态环境损害鉴定评估报告，就损害事实和程度、修复启动时间和期限、赔偿的责任承担方式和期限等具体问题与赔偿义务人进行磋商，统筹考虑修复方案技术可行性、成本效益最优化、赔偿义务人赔偿能力、第三方治理可行性等情况，以达成赔偿协议。

二、诉讼程序"守关"

资溪县通过完善诉讼制度，实现对赔偿磋商的司法保障。一是对于经磋商达成的赔偿协议，依照《中华人民共和国民事诉讼法》向人民法院申请司法确认。二是经司法确认的赔偿协议，赔偿义务人不履行或不完全履行的，县政府及其指定的部门或机构可向县法院申请强制执行。三是磋商未达成一致的，县政府及其指定的部门或机构应当及时提起生态环境损害赔偿民事诉讼。

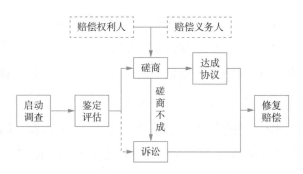

图 17-1　生态环境损害赔偿流程

资溪县还规定了法院按照有关法律规定、依托现有资源，指定专门法庭审理生态环境损害赔偿民事案件；根据赔偿义务人主观过错、经营状况等因素试行分期赔付，探索多样化责任承担方式。同时，法院积极研究符合生态环境损害赔偿需要的诉前证据保全、先予执行、执行监督等制度，并协商有关部门加强与环境公益诉讼之间的衔接。

案例　磋商制开创生态环境损害赔偿新局面

图 17-2　生态环境损害赔偿现场磋商会

2021 年 8 月 4 日，资溪生态环境局在嵩市镇人民政府召开了资溪县首例关于生态环境损害赔偿的磋商会，同赔偿义务人吴某源对有关生态环境损害赔偿进行了磋商，会议邀请了县检察院、县水利局、县农业农村局、嵩市镇人民政府以及嵩市镇司法所，共同参加赔偿磋商。

在磋商会上，资溪生态环境局代表通报了赔偿义务人吴某源在嵩市镇三源村农药水污染案件违法事实、鉴定过程、鉴定评估情况和法律依据，提出了生态环境损害赔偿具体要求，经过磋商，双方对本案生态环境损害赔偿磋商内容达成一致。赔偿义务人表示充分认识到自己破坏生态环境的严重性，愿意按照鉴定评估方案要求，承担生态环境损害赔偿责任。随后，县检察院、嵩市镇司法所等部门代表就此次生态环境损害赔偿中涉及的相关法律依据及规范程序等问题进行了探讨发言。最后，资溪生态环境局与赔偿义务人在列席单位人员的共同见证下签订了生态损害赔偿协议。

生态环境损害赔偿案成功磋商，是资溪县积极践行习近平总书记"绿水青山就是金山银山"理念，对资溪县生态环境损害赔偿改革工作起到了示范作用，为资溪今后更好地开展生态损害赔偿工作开创了新局。资溪生态环境局在总结本案经验的基础上，进一步把生态环境保护制度落到实处，让"环境有价，损害担责"观念成为社会共识，让守法经营成为常态。

第五节　"全民行动"推进监督工作"公共化"

生态环境损害赔偿虽然属于民事赔偿，但不同于普通的民事赔偿纠纷。作为一项代行国家所有权、维护公共环境权益的制度改革，让公众知晓、让公众参与、让公众监督，在"阳光下办案"，无疑有着极为重要的意义。为此，资溪县生态环境损害赔偿机制鼓励公众参与，从三个方面施行相关措施：

创新公众参与方式。一是积极邀请专家和利益相关的公民、法人、其他组织参加生态环境修复或赔偿磋商工作。二是强化公众意见反馈与处理，对公民、法人和其他组织举报要求提起生态环境损害赔偿的，赔偿权利人或其指定的部门或机构应当及时研究处理和答复。

实施信息公开。一是在行政部门方面，推进县政府及其职能部门共享生态环境损害赔偿信息。二是具体案件方面，依法公开生态环境损害调查、鉴定评估、赔偿、诉讼裁判文书、生态环境修复效果报告等信息，保障公众知情权，接受公众监督。

建立监督机制。一是加强对生态环境损害鉴定评估、赔偿磋商、案件审理、修复实施的全过程监督，确保赔偿到位、修复有效。二是对生态环境损害赔偿工作中滥用职权、玩忽职守、徇私舞弊的，依纪依法予以责任追究。

第十八章

自然资源资产离任审计制度让决策者不敢忘"绿"

资溪县紧紧抓住地方领导干部这个"关键少数",通过重构和完善领导干部自然资源资产离任审计指标体系,不断倒逼领导干部强化高质量绿色发展理念、优化高质量绿色发展举措、提升高质量绿色发展能力,促使生态环境保护和地方经济发展更加协调,绿水青山"底色"和金山银山"成色"更加浓郁。

第一节 开创生态离任审计"资溪模式"

资溪县推进管理制度升级,实施《资溪县领导干部履行自然资源资产责任情况考核、审计工作方案(试行)》《资溪县自然资源资产负债表编制工作制度》,形成以自然资源资产负债表编制为基础、领导干部履行自然资源资产责任情况为手段、领导干部生态环境损害责任追究为保障的绿色生态制度体系。自 2016 年资溪县开展原县委书记自然资源资产离任审计工作试点以来,审计机关已取得了较为丰硕的成果和良好的审计经验。

一、闯出生态离任审计"资溪路"

资溪县于 2005 年出台了《资溪县领导干部生态环境保护责任审计试行办法》;2013 年根据需求适时将《生态环境保护责任审计办法》提升为《生态文明建设责任审计办法》;2016 年再次完善为《自然资源资产离任审计工作方案》;2017 年,结合《江西省生态文明建设目标评价考核办法(试行)》,再次制定《资溪县领导干部履行自然资源资产责任情况考核、审计工作方案(试行)》;2018 年 9 月正式印发了《资溪县领导干部自然资源资产离任审计暂行办法》。

二、优化评价指标体系

以指标化的方式对被审计对象进行评价,是实现自然资源资产审计量化评价的重要路径。对指标体系的设置,成了自然资源资产审计的核心工作之一。

资溪县根据国家有关政策和资源、环保目标责任考核办法，结合审计试点的实际情况，初步建立了《乡镇级领导干部自然资源资产离任审计自然资源实物量和生态环境保护相关指标变化情况表》和《审计发现问题清单》，包含自然资源资产相关政策贯彻落实情况、有关目标责任制四大类完成情况等多项综合评价指标，资源开发管理方面、生态保护方面、生态修复方面、相关资金管理使用方面、相关项目建设方面、环境管理不到位和水污染防治方面、大气污染防治方面、土壤污染防治方面、农业面源污染防治方面、垃圾处置方面、资源利用效率目标方面、生态环境质量目标方面、绿色发展目标方面、污染防治行动计划目标方面等多个方面，共 165 个小类问题。定性与定量指标相结合，根据审计情况进行评价打分。

县审计局还根据被审计领导干部任职期间所在地区或者主管业务领域自然资源资产管理和生态环境保护情况，结合审计结果，对被审计领导干部任职期间自然资源资产管理和生态环境保护情况变化产生的原因进行综合分析，按照"好、较好、一般、较差、差"五个等次客观评价被审计领导干部履行自然资源资产管理和生态环境保护责任情况。确定合理的指标评价标准和指标体系，客观评价领导干部履行自然资源资产的管理责任，极大地推动了资溪县的生态文明建设。

三、生态环境损害责任终身追究制

（一）一岗双责制

资溪县实行地方党委和政府领导成员生态文明建设一岗双责制。以自然资源资产离任审计结果和生态环境损害情况为依据，明确对地方党委和政府领导班子主要负责人、有关领导人员、部门负责人的追责情形和认定程序。区分情节轻重，对造成生态环境损害的，予以诫勉、责令公开道歉、组织处理或党纪政纪处分，对构成犯罪的依法追究刑事责任。

（二）干部奖惩机制

根据规定，资溪县将年度自然资源资产审计结果存入领导干部个人档案，作为干部业绩重要依据。离任审计作为干部任用重要依据，审计不达标或排名靠后的，不予提拔重用。另外，针对审计中发现辖区自然资源资产数量减少、环境恶化等问题，根据性质不同，相应采取岗位调整、诫勉谈话、党纪政纪处分等组织措施，严肃追究主要领导和分管领导的责任，造成重大环境事故的，移交司法机关依法处理。

四、完善审计考核体系

资溪县结合生态文明建设要求、省市生态文明建设考核、绿色发展指数评价及河湖林制等，通过广泛细致的调研工作，从自然资源涉及耕地及建设用地、森林、湿地、矿产、水资源以及生态保护涉及环境治理、环境质量、生态保护、绿色生活等各个方面，选取了29项指标，其中乡镇选取9项指标，采取定性与定量相结合的办法，对领导干部任职期间履行自然资源资产和生态环境保护责任情况，按照"好、较好、一般、较差、差"五个等次进行审计评价。通过得分量化，使审计评价更加客观、合理。

资溪县正推动制度设计逐步由"目标考核"向"责任审计"转变，使"生态审计"走向了系统化、规范化、法治化、科学化的新阶段。

第二节 "生态审计"反哺生态建设

在自然资源资产离任审计工作中，资溪县的总体思路是立足实际，以"政策、资金、项目、监管"四个方面作为审计切入点。审计查出了自然资源资产管理领域存在的大量问题，发现了诸多风险隐患。通过提出建议，督促整改，有关单位及时完善制度，规范管理，有效提高了依法依规管理利用保护自然资源资产，加强了生态文明建设的意识。

一、审计工作历程

资溪县审计局自2016年开始，正式开展领导干部自然资源资产离任审计试点工作。截至2022年底，已对全县7个乡镇、5个林场实现了审计全覆盖，其中2016年对3个乡镇实施了自然资源资产审计（嵩市镇、马头山镇、石峡乡），2017年对4个乡镇实施了自然资源资产审计（鹤城镇、高阜镇、高田乡、乌石镇），2018年对3个林场实施了自然资源资产审计（高阜林场、马头山林场、石峡林场），2019年对2个林场实施了自然资源资产审计（陈坊林场、株溪林场），2020年对1个乡镇实施了自然资源资产审计（嵩市镇），2021年对1个乡镇实施了自然资源资产审计（乌石镇），2022年对1个乡镇实施了自然资源资产审计（鹤城镇）。

截至2022年底，开展相关工作以来，资溪县审计局从土地资源、矿产资源、森林资源、水资源、农业生产、环境保护、其他生态责任等七个方面开展审计，审计发现了 131 个问题，有非法焚烧电子垃圾、无证采砂、森林防火存在薄弱环节、违规占用林地，违规占用耕地建房，非法倾倒建筑垃圾、滞留挤占挪用项目资金等问题，查出问题金额 271.52 万元。审计后促进项目实施资金拨付 106.52 万元，完善相关部门自然资源管理制度 20 余项。

二、"生态审计"探索成效显著

资溪县审计局于 2016 年 4 月抽取了嵩市镇、石峡乡、马头山镇 3 个乡镇，以履行自然资源资产管理和生态环境保护责任为重点，以抓好自然资源资产管理和生态环境保护法律法规（政策措施）的执行落实、自然资源资产管理和生态环境保护及相关资金的筹集、分配和使用、健全重大自然资源和生态环境损害预警和风险隐患处置机制等为主要内容，对拟调整的党委书记、乡镇长任职期间履行经济责任和自然资源资产相关责任情况开展了审计试点。在具体工作当中，通过听取述职，了解干部"生态政绩"；对照检查，验证干部"生态政绩"；综合评价，确认干部"生态政绩"。

（一）"刀刃向内"发现问题

通过领导干部生态环境保护责任审计试点工作，发现了涉及"遵守自然资源资产管理和生态环境保护法律法规方面""履行自然资源资产管理和生态环境保护监督责任方面""自然资源资产和生态环境保护相关资金征用和项目建设运行方面"以及"其他"方面诸多问题。同时，审计小组结合实际工作情况，提出试点工作存在数据采集困难、各种自然资源无法进行量化、审计方法单一、专业力量缺乏、责任主体难以明确、管辖区域界定不明确等方面的困难。

（二）"机制在外"解决问题

针对"生态审计"过程中发现的各式问题，审计机关提出五个方面的解决方案。一是行政主管部门之间建立议事协调组织。二是对在河道管理中跨区域性问题进行沟通和协调。三是对违规建筑占地的行为要严加监管和处理，加大处理及跟踪问效力度。四是针对存在的困难提出了相关单位规范自然资源资产管理有关台账数据资料，认真核对自然资源资产相关基础数据，统一数据填报口径，完善管理台账，规范自然资源资产痕迹管理。五是被审计领导干部范围应包含自然资源资产责任或环境保护责任的区属部门负责人。

案例 "生态审计"体现"两山"转化新机制

为巩固生态立县成果，防止污染企业死灰复燃，县委审时度势作出决定：对乡（镇、场）及林业、农业等县直单位负责人实行生态保护责任审计，审计结果作为干部使用的重要依据并进入个人档案，以"绿色档案"促领导干部一任接着一任干。

如今，资溪县交上了令人感动的绿色答卷。截至 2022 年底，全县森林覆盖率达 87.7%，活立木蓄积量达 998 万立方米，境内空气负氧离子含量每立方厘米最高达 36 万个，被专家誉为"动植物基因库"。纯净生态照亮绿色发展之路：全域旅游、有机农业、健康养生等新兴产业唱响主角，成为撬动民间投资的支点。大觉山、九龙湖、法水温泉等 10 个景区及 15.58 万亩有机白茶、果蔬、竹笋、水稻，吸引投资 50 多亿元，培育山夫、出云峰等有机农产品品牌 26 个，被列为国家可持续发展实验区、重点生态功能区、全域旅游示范创建区、有机产品论证示范区。

第十九章 生态环境保护综合执法机制使执法者"合纵连横"

资溪县以落实中央、省环保督察整改为抓手，创新落实"林长、河长、湖长＋警长"的生态综合执法机制，建立健全城乡四级管理机制。通过组建纵向连结生态治理部门上下级、横向联通生态执法部门同级人员的生态综合执法队伍，资溪县在生态治理方面又添加了一大助力。推进执法体系升级，制定生态环境保护监督执法联席会议制度，形成"分工负责、统一监管"的生态环境保护监管执法机制，由内到外全面贯彻生态立县、绿色发展的理念。

第一节 多系统融合健全执法"新机制"

一、生态执法授权

资溪县将森林公安队伍作为生态综合执法的主要力量，组建资溪县生态综合执法队伍。明确了由资溪生态环境局为执法主体，赋予生态综合执法队伍具有山地环境保护、涉水环境保护、大气环境保护、水土保持等几个方面法律法规规定的部分行政处罚权，依法独立开展行政执法。

二、生态执法扁平管理

一是从国土、水利、住建、林业、农业等相关部门单位抽调有行政执法资格的骨干人员，实行"统一指挥、统一行政、统一管理、综合执法"的运行机制；二是建立由生态环境、自然资源和规划、水利、农业农村以及司法等部门参加的生态环境综合行政执法联席会议制度；三是各成员单位指派一至两名联络员，负责协助本部门与其他部门之间生态环境综合行政执法的合作与沟通等相关工作。

案例　多部门联动查处损毁山林行为

2021年4月群众反映乌石镇引进的圣农养鸡场建设过程中损毁茂林小组、余家边村小组的山林，随意开采乌石河河砂和周边山上的石头，破坏环境。资溪县委、县政府高度重视，立即召开生态环境破坏问题调查布置会，派出县生态环境局、县自然资源局、县水利局、县林业局、县交通运输局、乌石镇等责任单位，立即赶到现场调查处理，县委、县政府主要领导、分管领导也亲自到现场调度。

经调查发现，乐安县牛田镇员陂村民袁某平为了采石，非法破坏乌石村桥上小组林地2.67亩；承建单位江西全庆建设工程有限公司员工周某民，于2021年2月份，在项目周边一处历年村民自采石料点清理废石渣。针对以上问题，县林业局于3月向袁某平下发了通知，对其违法行为进行了制止，并依法进行处罚17800元，现场已完成植被恢复；县自然资源局乌石自然资源所已现场责令江西全庆建设工程有限公司停止清理，该单位已按要求停止清理并已恢复植被。

第二节　"林长＋警长"营造林区治理"新气象"

近年来，资溪县通过明确四级林长、组建巡护队伍、建立考核体系和创新林长机制，实施"林长＋警长"机制。通过实施这一新机制，违法占用林地以及非法采伐现象得到有效控制，林业秩序进一步好转。

一、"林""警"协同开展林区管理

一是将辖区内派出所所长增设为副林长，共同参与图斑变化调查、森林案件督查工作，发挥森林公安打击破坏森林资源的力度。二是把森林管护责任层层分解、落实到人，实行警长执法监管全覆盖。三是在国有林区重要生态管护区域、重要交通卡口、林政案件高发区域等明显位置设立林长和警长信息共享公示牌，公布警长信息、责任区域、职责内容和联系方式，自觉接受群众监督和举报。四是将警长履职尽责情况纳入年度目标考核，考核成绩作为选拔任用、评先选优等重要依据。

二、林区监管设备智能化

在手机等正常通信的基础上，资溪县增加了实时监测巡山轨迹功能。在所有的林长和警长公示牌安装探头、卡口，依托大数据实现各级林长、警长和护林员定期巡查打卡，将一山一村的"小林长"统筹到区、镇"大林长"直接管理中，实现了分级管理全覆盖。如今，越来越多的护林员用上了智能化设备巡山护林，各地护林员能与林长和警长实时沟通监管信息，各级林长和警长也能够实时查看相关数据、监管辖区森林，及时处理紧急情况，真正将护林职责落到了实处。

三、工作合力严抓森林督察工作

（一）绘制森林监管"一张图"

一是以全县林地"一张图"为基础，采用遥感等技术手段，对发现的改变林地用途和采伐林木等图斑，通过核对档案资料、现地验证核实等，对发现的破坏森林资源问题，及时予以查处整改，逐块上图入库。二是对植树造林、森林采伐、占用征收林地以及工程建设等，结合高分辨率遥感影像变化地块判读分析结果，形成单独的小班经营图层；结合"资溪县第七次森林资源二类调查"，相互印证，全县实现森林资源"一张图"管理、"一体系"监测、"一套数"评价。三是高度重视森林督查与森林资源数据更新，制定了《资溪县森林督查暨森林资源管理"一张图"年度更新工作方案》。对国家林业和草原局下发森林督查卫星遥感疑似图斑，联合森林公安进行现地逐块调查核实，对违法图斑直接移交森林公安查处，提高案件查处效率。四是按面积区域不偏不差、林木生长正常安全的原则，严格管好国家级生态公益林 34.39 万亩。

（二）编制森林安全"一张网"

一是明确森林公安局管源头，林业执法大队管林区路段，村、组级林长管片区，护林员管山头地块，形成上下全面联动管理网络，集中力量加强森林督查工作。二是坚持县级全面自查，发现破坏森林资源问题及时移交相关部门依法查处，构建全县破坏森林资源案件台账，建立案件登记和查处销号制度，实现案件查处情况动态管理，确保林区秩序井然。三是把森林督查作为林区维稳发展重点，着力建立和完善监测、检查、执法"三个全覆盖"的森林督查长效机制。四是全面打击全县范围内破坏森林资源违法行为，确保涉林案件查处到位、林地恢复到位、责任追究到位。

通过实施这一新机制，资溪县违法占用林地以及非法采伐现象得到有效控制，林业秩序进一步好转。至2023年8月，受理查处行政案件15起，较之2018年下降68起。

案例　"林长+警长"联席工作会议拓宽林区治理边界

2020年8月，资溪县"林长＋警长"制联席会议在县林业局召开。县林业局局长、县检察院分管检长、县公安局分管局长，县森林警察大队、林业执法大队、乡镇综合执法大队队长，县林长办、检察官室及乡镇行政执法人员参加会议。会议由县林业局副局长主持。

会上，县林业局、县公安局分别作了2020年上半年林长制工作、"一林一警"工作汇报。为做好乡镇机构改革和林业综合行政执法工作，资溪县森林警察大队还对《林业行政处罚程序规定》《林业行政执法文书制作》《林业行政处罚证据收集》进行培训，并就县林业局委托乡镇林业行政执法三种具体事项进行了重点解读。

联席会议的召开，极大地促进了县林业行政执法和刑事司法的有效衔接，增强了执法合力，为深化新一轮林长制改革，实施平安森林行动，保障林业生态安全，形成生态监管保护新格局。

第三节　"河湖长＋警长"制开创水域防治"新范式"

资溪县紧紧围绕水资源保护、水域岸线管护、水污染防治、水环境改善、水生态修复和涉河执法监管六大任务，积极开展县、乡、村三级"河湖长＋警长"常态化巡河机制，着力解决河湖管理保护中存在的突出问题，推动河长制由全面建立转向全面见效，人与自然和谐共生的河湖生态新格局基本形成，责任明确、协调有序、监管严格、保护有力的河湖管理保护机制已发挥重要作用。

一、"河湖长＋警长"制强化水域治理

资溪县严格要求各级河湖警长及时发现、督办、解决、记录河湖突出治安问题，执行巡河检查季报制，增加对劣V类水体河湖巡查频次。开展"百万警进千万家"活动，

深入河湖沿线村屯、企业排查水污染源和涉水矛盾纠纷，及时发现各类苗头性、预警性信息。要求公安机关主动与水利、生态环境等部门协同配合、并肩作战，上下游、左右岸河湖警长密切协作、联合执法，开展河湖综合巡查机制，实现信息共享、对策共商。

二、重点"关照"河湖违法犯罪

河湖警长主要负责打击破坏水环境的违法犯罪活动和处理涉水纠纷。通过日常巡逻及时发现非法排污、河道垃圾、破坏治污设备等违法行为，河湖警长依法严惩破坏水环境资源的犯罪，尤其以涉水环境犯罪的组织者、经营者、获利者和幕后保护伞作为打击工作重点，铲除相关黑色产业链。

依法严厉打击群众广泛关注、社会反响强烈的非法排污、非法倾倒危险废物、非法采砂、非法捕捞等涉河湖违法犯罪，依法快侦快破违法犯罪案件、惩处违法犯罪人员，坚决整治黑恶势力非法采砂、盗取国有资源等突出犯罪。严格落实"行刑衔接"，加大对妨碍执行公务、阻碍行政执法、扰乱治安秩序、暴力抗法等违法犯罪线索的排查整治力度，依法办理行政部门移送的涉河湖违法犯罪案件，维护"清四乱"常态化，全面净化河湖水域环境。

三、推进河湖治理信息化

为深入贯彻落实《江西省实施河长制湖长制条例》，进一步规范和提升河长制湖长制工作。资溪县组织建立县河湖长制信息平台、公众号，实现水利部门、生态环境部门和公安部门之间的信息共享互通。严格执行督办、督察、考核、问责制度，对各类问题清单实行滚动、销号、闭环管理。对重点问题通过河长令、督办函等方式跟踪督办，进一步压实责任。

案例 "河湖长+警长"制共创"法制资溪"

资溪县通过河湖警长制严格执行采砂规划，按需定采，安装监控，强化现场监管。完成流域面积在50平方千米及以上河流的划界工作。充分发挥河湖警长检察长、"河小青"作用，结合实际设立了民间河湖长、企业河湖长7名。

实施河湖长制以来，截至2022年底，"河湖长＋检察长"办理的案件有6起，

"河湖长＋警长"办理的案件有 5 起。共开展联合执法 40 余次，出动人员 300 余人次，出动车辆 50 余次，打击非法采砂 21 起，刑案 10 人，行政处罚 18 起，极大地震慑了破坏水环境的违法犯罪行为。同时，与团县委联合开展"我是河小青，生态资溪行"志愿服务活动，河小青志愿服务者达 100 余名，号召和引导全县广大青少年积极参与保护母亲河行动、助力河湖整长制工作。

专栏　生态文明体制机制"三本账"

1 经济账："绿色制度"引领"绿色经济"

山林优势转化为发展优势

资溪县在全国率先实施山长制，再由山长制向林长制提升，取得良好的经济效益。与 2018 年相比，毛竹林流转价格由每亩每年 12 元提高到 40 多元，杉松木林流转价格由 600 元提高到 1000 余元，荒山流转价格 10 元提高到 20 元，活立木蓄积量增加 108 万立方米。

生态信用助企业获生态效益

建立生态信用企业白名单，授予 20 家企业"2020 年度资溪县生态信用企业"称号，优先给予"两山"金融支持。

准入负面清单确保绿色经济可持续发展

编制《资溪县国家重点生态功能区产业准入负面清单》，提出的限制类涉及国民经济 4 门类 9 大类 9 中类 9 小类。严格落实主体功能区空间管控措施，先后关闭或搬迁农药厂、精细化工厂等污染企业，投入 1000 万元对交通主干道沿线 7 处矿山进行生态治理和植被恢复。

2 生态账："绿色创新"提升"绿色生态"

创新"林长＋警长"联动机制，森林质量明显提升

2016—2023 年全县未发生一起森林火灾，连续多年被评为全省森林防火先进

县、平安县，全县森林覆盖率稳定在 87.7%，生态环境综合评价指数列中部第一、全国前列，大气环境质量连续多年领跑全省。

创新"生态审计"，生态文明理念深入人心

建立领导干部生态责任离任审计与追究机制，因生态文明建设不力或考核不达标的而被处分的党员干部共计 37 人，累计发现了 131 个问题，查出问题金额 271.52 万元，审计后促进项目实施资金拨付 106.52 万元，完善相关部门自然资源管理制度 20 余项。

创新生态文明指标，生态质量稳步提升

《资溪县国家生态文明建设示范县规划》中，从生态空间、生态经济、生态环境、生态生活、生态制度、生态文化六个方面，共设置 34 项指标，其中，约束性指标 18 项，参考性指标 16 项。截至 2022 年底，各项指标均达到了规划目标值。

3 民生账："绿色治理"实现"绿色生活"

村庄长效环境管护助城乡环卫"全域一体化"

全县 70 个行政村 655 个村组生活垃圾、公共服务设施全部纳入第三方管护范围，实现城乡环卫"全域一体化"第三方治理全覆盖。截至 2022 年底，实现全县 20 户以上宜居村庄新农村建设全覆盖、农村无害化厕所普及率达 94.07%、农村生活污水进行处理的行政村占比 48.6%，农村生活垃圾治理全域覆盖、日产日清，受益农户 18349 户、75193 人。

城乡联动节能减排促绿色生活

截至 2022 年底，累计发放各类宣传资料 8000 余份，全县所有中小学、幼儿园学生宿舍热水供应均使用太阳能，大觉溪乡村旅游综合示范区采购 34 辆电动汽车，重点景点及城区投放共享单车 680 辆，建成 32 个共享单车站台，绿色出行率达 58.83%。